水动力性能测试技术

● 于东　郑轶　万俊贺　编著

内容简介

本书主要介绍了常见的水动力实验设施、常用的水动力实验仪器设备和常见的水动力实验原理、方案以及数据处理过程等。全书共分6章,第1章介绍了常见的水动力实验设施——循环水槽;第2章介绍了几种常用的水动力实验仪器与设备;第3~6章介绍了能够在循环水槽中完成的几类常见的水动力实验和基础流体力学实验;最后在附录中介绍了几种常见实验的实验结果。

本书可以作为船舶与海洋工程等专业及相关专业流体力学实验教学的教材,同时亦可供船舶与海洋工程结构物水动力实验研究或自学参考。

图书在版编目(CIP)数据

水动力性能测试技术/于东,郑轶,万俊贺编著.—哈尔滨:哈尔滨工业大学出版社,2022.3
ISBN 978-7-5603-9892-1

Ⅰ.①水…　Ⅱ.①于…②郑…③万…　Ⅲ.①水动力学-性能检测　Ⅳ.①TV131.2-34

中国版本图书馆CIP数据核字(2021)第269107号

策划编辑　杜　燕
责任编辑　李青晏　周轩毅
封面设计　高永利
出版发行　哈尔滨工业大学出版社
社　　址　哈尔滨市南岗区复华四道街10号　邮编150006
传　　真　0451-86414749
网　　址　http://hitpress.hit.edu.cn
印　　刷　黑龙江艺德印刷有限责任公司
开　　本　787mm×1092mm　1/16　印张10.5　字数252千字
版　　次　2022年3月第1版　2022年3月第1次印刷
书　　号　ISBN 978-7-5603-9892-1
定　　价　36.80元

前　　言

船舶与海洋工程结构物的水动力模型实验是研究船舶或海洋工程结构物水动力性能的一种非常有效的方法。目前，在船舶、海洋工程结构、水工建筑和海洋装备等领域中，模型实验结果已成为验证理论方法正确性、数值模拟可靠性和仿真预报可行性的重要参考指标。本书以常见的水动力实验设施——循环水槽为例，系统地介绍了其结构组成、实验所用设备以及相关重点实验的方案内容，便于读者掌握水动力性能测试的相关实验方法，同时也为读者理解水动力性能的研究方法和研究内容提供帮助。

全书共有6章内容，第1章主要介绍了水动力实验设施——循环水槽的结构和工作原理；第2章主要介绍了完成水动力实验所需的仪器和设备，如测力天平、船模阻力仪、敞水动力仪、数据采集仪、自航动力仪、平面运动机构和粒子图像测速（PIV）系统等；第3章主要介绍了水动力实验设施中可以完成的几类典型的基础流体力学实验，如流速测量、平板阻力测量和圆柱绕流等；第4章主要介绍了船舶和水下航行器相关的几类重点模型实验，如船模阻力测量，螺旋桨敞水性能测量，舵、翼的升阻力测量和水下航行器的约束模水动力性能测量等；第5章主要是以系缆、海洋仪器装备测试平台和闸门等为例对水工结构和海洋装备的相关水动力实验内容和方法进行介绍；第6章分别以潮流能涡轮叶片水动力性能测量、平板表面不同材料涂层时的阻力性能测量和新型流速仪的性能标定实验等为例对新能源、新材料和新仪器设备的涉水、涉流性能实验进行了简单介绍。

本书由哈尔滨工业大学（威海）于东、齐鲁工业大学（山东省科学院）郑轶和山东省科学院海洋仪器仪表研究所万俊贺共同撰写完成。在本书的撰写过程中，哈尔滨工业大学（威海）周军伟老师和齐鲁工业大学（山东省科学院）李金华老师等都给予了很大的帮助，在此，谨向所有参与本书撰写以及在本书撰写过程中给予帮助的同仁们致以诚挚的感谢和由衷的敬意；同时，本书在撰写过程中还参考了大量的国内外文献、专著和教材，在此，真诚地向相关著作的所有作者致以衷心的感谢。

由于作者水平有限，书中尚存有一些不足之处，恳请谅解，亦恳请广大读者和各位同行专家批评、指正。

随着科技的不断发展，水动力测试技术必然会不断地革新与进步，敬请广大读者和相关同行、专家多提宝贵意见，共同探讨，以促进水动力测试技术的不断进步，亦促进本书内容的后续完善。

作　　者

2021年11月

目　　录

第1章　循环水槽简介

循环水槽(circulating water channel)是结构物从事流体性能研究的一种基础实验设施，其主要实验特点是:被测结构物固定不动,流体在槽中以一定速度循环运动。相较于其他船舶与海洋工程结构物流体性能研究的基础实验设施(如拖曳水池等)而言,循环水槽具有占地少、易于建设、投资小、见效快等优点,因此已广泛应用在船海结构物流体性能测试领域当中。相对来说,国外对于循环水槽的应用较早,我国20世纪70年代末才开始建设并应用循环水槽进行结构物的水动力性能测试,经过40余年的发展,我国已建设循环水槽数十座,分布在各个船舶与海洋结构物流行性能研究的高校及院所当中。

循环水槽按照其外形布局可分为立式循环水槽和卧式循环水槽,但无论是立式的还是卧式的,其整体设计思路与实验原理是一致的,因此本书在介绍循环水槽以及探讨其相关的实验内容时,不对其形式进行详细区分。

1.1　循环水槽主体结构分布与各段功能介绍

循环水槽的主体结构主要由动力段、发散段、稳压段、收缩段、工作段和收水段六部分组成,其详细布局如图1-1所示。

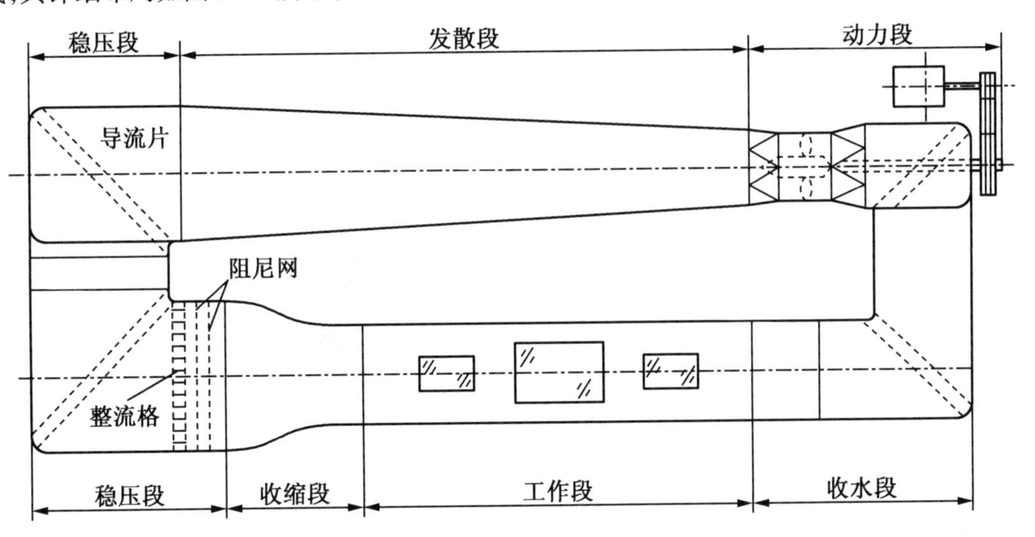

图1-1　循环水槽的分段布局图

循环水槽的整体是一个环形,因此从水流的流动方向来看,循环水槽的第一部分是动力段，动力段除槽体本身外主要由直流电机、传动轴、螺旋桨、导流桨箍以及涵道等部件构成，其主要功能是驱动水体运动，使得水体在工作段能够形成稳定的流场，其工作原理是：直流电机通过传动轴驱动槽体内的螺旋桨转动，而螺旋桨转动后会给水体一个推力，使得水体在水槽内循环运动。

水体在动力段被驱动后会流到循环水槽的第二部分——发散段。发散段也称为扩散段，它的主要作用是将水体的动能变成压能以降低水体能量的损失，便于水流的稳定（在轴流泵后，一般流速很大，能量损失也大）。发散段的构成如图 1－1 所示，水槽两侧壁面自动力段的尾端向外逐渐扩散，其中壁面线与中心线的夹角称为扩散角，通常循环水槽的扩散角以 5°左右为宜，最大不超过 8°，如果扩散角过大，水流和壁面发生分离，则会产生旋涡，旋涡有可能流经整个回路而进入实验段，使实验段流场发生紊乱，也会使能量损失增大。

水体流过发散段后会经过循环水槽的第三部分——稳压段。从图 1－1 的水槽分段布局图中可以看出，稳压段内包含循环水槽水体到达工作段前的两个拐角，它的主要作用是在水流进入收缩段前调整水流的均匀性和湍流度，使得水流进入收缩段之前尽量平直均匀。稳压段内装有导流片和整流装置，其中导流片的作用主要是引导水流在槽体内部转向，以减少由池壁撞击产生的能量损耗、湍流及回流等；整流装置中包括整流网和蜂窝器，其主要作用是在水体流经这些装置时把大的旋涡分割成极小的旋涡，使紊流因素减少，水流更加平直均匀；同时，稳压段也是整个槽体截面积和腔体积最大的部分，如此更加有利于水流压力的稳定。

水体流过稳压段后会流经循环水槽的第四部分——收缩段，其截面图如图 1－2 所示，这一部分也是水体流到工作段前所经过的最后一部分。它的主要作用是使水流在进入工作段前均匀加速至实验所需的流速，同时降低水体的湍流度并使之不产生分离。影响收缩段工作性能的主要因素有两个，分别是收缩比和收缩曲线，其中收缩比 n 可根据下式求出：

$$\frac{V_2'}{\overline{V}_2}=\frac{1}{n^2}\frac{V_1'}{\overline{V}_1} \tag{1-1}$$

式中，$\overline{V}_1$ 和 $\overline{V}_2$ 分别为收缩段的入口截面上的一点 A 和出口截面上的一点 B 处的平均流速；V_1'和 V_2'分别为在 A、B 两点处的流速不均匀量。

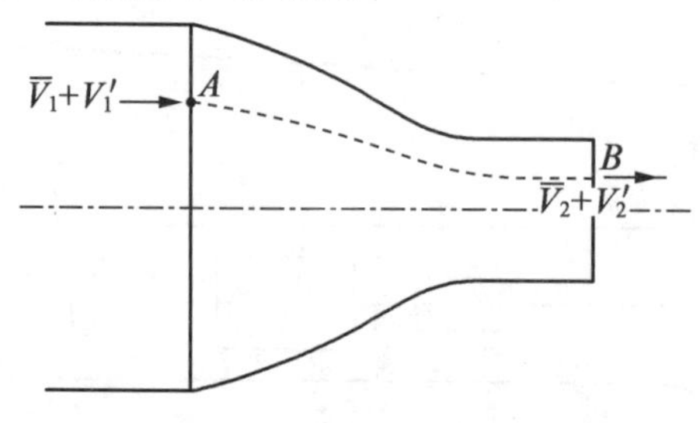

图 1－2　收缩段截面图

由式（1－1）可以看出，当流速相对稳定时，收缩比 n 的平方是出口截面处速度与入口截面处速度的比值，且在出口截面处流速的不稳定度是入口截面处流速不均匀度的 $1/n^2$（不均匀度即某点处的流速不均匀量与平均流速的比值），即水体进入工作段内的流速不均匀度经过收缩段的处理降为原来的 $1/n^2$。目前,国内循环水槽的收缩比通常是在 2 ~ 4 范围内,国外水槽的收缩比通常在 3 ~ 9 范围内。

目前,循环水槽的收缩曲线通常采用维托辛斯基曲线:

$$R = \frac{R_2}{\sqrt{1 - \left[1 - \left(\frac{R_2}{R_1}\right)^2\right]\frac{\left(1 - \frac{3x^2}{a^2}\right)^2}{\left(1 + \frac{x^2}{a^2}\right)^2}}} \tag{1-2}$$

式中,R_1 和 R_2 分别为进出口半径;x 为轴线坐标;R 为 x 处半径;a 为特征长度,$a = \sqrt{3}L$,L 为收缩段长度。

槽内水体流过收缩段后,将流到水槽实验时最重要的一部分,即循环水槽的第五部分——工作段。工作段又称实验段,其相对于槽体内的流体而言主要的作用是保证其流速稳定,而其对于整个水动力实验设施所起到的作用主要是安装实验模型以测试其流体动力性能。由于实验模型安装在该部分的水体内,因此工作段的水流质量将直接影响水槽实验结果的可靠性与可信度,故而对于循环水槽工作段最基本的要求是保证槽内水体在本区域内流场均匀稳定,即保证工作段内水体水面平稳、无波动且截面流速分布均匀。循环水槽的工作段通常是平底直壁,其截面是矩形,而在设计工作段时需充分考虑实验模型的尺寸和所需的水流流速,通常情况下工作段的长度应是实验模型长度的三倍以上,可根据最大实验模型的尺寸确定工作段长度,而其水深可根据深度弗劳德数 $Fr = V/(gH)^{0.5}$ 确定,一般认为水深至少需满足:

$$V_{max}/(gH_{min})^{0.5} < 0.6 \tag{1-3}$$

式中,V_{max} 为循环水槽工作段的最大流速;H_{min} 为工作段的最小水深。

工作段的宽度 B 可根据阻塞效应及模型水下迎流面积确定,假设所有的实验模型中最大水下迎流面面积为 A,根据式(1-3)确定的工作段水深为 H,则

$$A/(BH) \leqslant 5\% \tag{1-4}$$

水体在流过工作段后,将会流向其循环流动的最后一部分——收水段。通过收水段将工作段中流出的水流导引至动力段,使其继续参与下一个周期的水体循环。

如此,循环水槽中的水一次次流过以上六部分,便可使水流在工作段中形成持续、稳定的流场,而根据这段流场便可设计、开展相关的水动力实验。

1.2　循环水槽的配套系统与设施

循环水槽作为一个完善的水动力实验设施,其不仅包含水槽主体,还包含了一系列的配套系统与设施,如调速系统、流速测量系统、数据采集与处理系统、过滤系统、吸气系统、起吊设备和测试仪器安装平台等。

1.2.1　调速系统

调速系统即是动力段电机转速的调节系统。电机转速目前有两种调节方式:直流调速方式和交流调速方式。其中,直流调速是通过调节输入电压来实现的,而交流调速是通过调节交流电的输入频率来实现的。对于电机而言,采用交流调速的方式会使电机感抗增加,从而使电机的负载性质发生变化,这便导致交流调速系统相对较不稳定;而采用直流调速的方式则会较大程度上避免这一情况的发生,因为对于直流电机而言,其转速与输入电压成正比,只需调节电压即可改变转速,而电压的调节对于电机的电阻是没有影响的,故而采用直流调速方式电机的负载性质是不变的,这便使得直流调速系统相对更加稳定一些。

在利用循环水槽进行水动力实验时,水流速度应是根据实验方案确定的 $0 \sim V_{max}$ 区间内的任意值,这便要求循环水槽内工作段水流速度需在 $0 \sim V_{max}$ 区间内实现无级调速。而实现水流无级调速的基础便是动力段的电机能够实现精细调速。交流调速系统的稳定性较差,很难实现精细调速;而直流调速系统的稳定性较好,可较方便地实现精细调速,因此循环水槽的调速系统通常采用的是直流调速系统。

循环水槽中动力段的电机带动螺旋桨转动所产生的推力是槽内水体的唯一动能来源,因此螺旋桨的推力大小直接影响着循环水槽工作段处水流速度的大小,而推力的大小又直接受到螺旋桨转速(即电机转速)的影响。不难看出,电机的转速是循环水槽实验段处水流流速的最根本影响因素,而从这一角度来看,调速系统的最直接作用是调节循环水槽动力段电机的转速,而其最根本的目的是调节循环水槽实验段内水流的流速。在循环水槽建设完成后以及使用一定周期后均需对其转速-流速曲线进行重新校准测定,并给出新的转速-流速对应关系图表,以指导后续实验对于转速区间的选择。表1-1是某循环水槽的电机转速值与水流流速值对应情况,图1-3是该水槽的转速-流速曲线。

表1-1　国内某水槽的电机转速值与水流流速值对应情况表

序号	转速/($r \cdot min^{-1}$)	流速/($m \cdot s^{-1}$)	序号	转速/($r \cdot min^{-1}$)	流速/($m \cdot s^{-1}$)
1	0	0	10	265	0.849
2	30	0.145	11	295	0.95
3	55	0.23	12	305	0.97
4	65	0.25	13	330	1.07
5	85	0.32	14	370	1.189
6	125	0.45	15	415	1.312
7	165	0.53	16	445	1.433
8	200	0.667	17	465	1.505
9	235	0.75	18	480	1.611

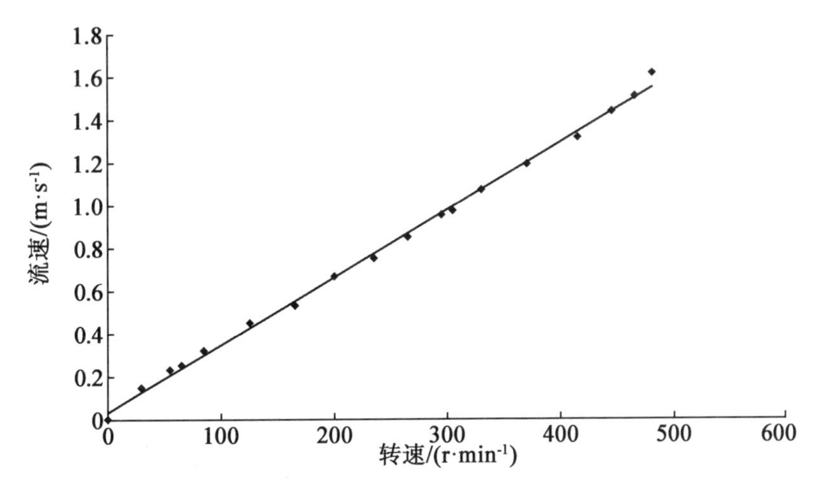

图1-3 国内某循环水槽的转速-流速曲线图

1.2.2 流速测量系统

流速测量系统是在循环水槽工作段处测量水流流速的装置,它通常与调速系统形成反馈、相互参照,以保证实验数据的可靠性和准确性。最基本的流速测量系统可由毕托管、压力变送器和数据处理表头等组成,这种流速测量系统的原理及方法可参见第3.1节毕托管流速测量实验。目前流速仪是一种广泛应用于循环水槽流速测量的装置,它使用方便、操作简单、便于安装和拆卸,自21世纪初建设完成的循环水槽大多都配有该设备。虽然流速仪使用简捷、方便,但是毕托管流速测量装置作为最基础的流速测量系统,其系统整体的稳定性相对较高,且结构简单、原理清晰、便于理解,因此近期建设完成的循环水槽大多也都配有一套该系统,尤其是高校近期建设的循环水槽,出于教学方面的需求,基本均会配置该系统。

1.2.3 数据采集与处理系统

数据采集与处理系统指的是用于采集实验数据并进行分析与处理的系统,它通常由测量装置、数据采集装置、工控机(电脑)和相关软件组成。水槽实验中最常用的测量装置是测力天平(详见第2.1节),数据采集系统可以是集成的数据采集仪,目前市场上集成的数据采集仪品类很多,实验时需根据实验的采样需求、精度要求等选定合适的数据采集仪,同样也可以采用A/D板卡结合LabVIEW等相关软件自主编写数据采集程序。这两种方法的优点分别是:集成的数据采集仪使用方便,且其通常都有与之配套的软件,数据采集时操作步骤简单,数据处理时实现起来较为方便;采用A/D板卡和相关软件结合自主编写采集程序的方法,其步骤较为复杂,但由于其成本较低,且在采集数据时受集成采集仪的约束较小,同时在数据处理时能够根据自身需求编制数据处理方案,有助于学生理解实验数据处理的步骤与内涵。由于成品的数据采集仪和A/D板卡系列的数据采集装置各有优劣,因此很多循环水槽中都同时配有这两种数据采集装置。

1.2.4　过滤系统

过滤系统指的是对水槽中的水进行循环过滤的装置。过滤系统通常定期对槽内的水进行过滤以保证水质清亮透明，减少水中杂质对于实验流场的干扰，同时提高对流场和模型受力后响应状态观测时的清晰度，为长时间的实验测量和观察提供保障。

1.2.5　吸气系统

模型扰动、水面波动和旋涡等均会将空气吸入到水中形成气泡，而气泡的存在一方面会影响水体的透明度，另一方面也会影响实验测试结果的准确性，因此尽最大可能减少工作段内水流中的气泡是保证模型实验质量的一个重要内容。对此，一方面可以从源头入手，即尽量减少吸入气泡的量，这种方法主要适用于中低速水流阶段，因为在低速阶段水流流动较平缓，可以较大限度减少水面波动和漩涡，同时在中低速阶段可通过缓慢加速水流的方式缓缓地将槽内水体提速，以避免水流加速过快造成较大的水面波动和漩涡以吸入较多的气泡；而高速阶段由于水体流速较快，在遇到拐角和槽内部件时不可避免地会产生扰动、水面波动以及漩涡，从而使得水体吸入气泡。这时便可以从减少水中气泡的另一方面入手解决，即尽量将水中已有的气泡在工作段之外的水流中排出，而排出这些气泡的设备便是吸气系统。吸气系统的种类较多，目前应用相对较多的一种是在工作段的下游与收水段相接的区域内装有带间隙的导向板，水流经过间隙后可除去其中的空气。这种排气方式与尾流自排气和真空泵抽气装置联合使用也会取得更佳的效果。

1.2.6　起吊设备

在使用循环水槽进行模型实验时，由于不同实验所需用到的设备和模型等均可能不一样，如船模阻力实验需用到阻力实验仪（或适航仪）、螺旋桨敞水实验需用到敞水动力仪、船模或水下航行器的操纵性实验需用到平面运动机构等，而不同的实验设备均需架设在工作段处才能够进行实验，因此利用循环水槽进行不同的实验时经常需要更换实验设备或者实验模型，而有些实验设备和实验模型由于其本身质量较大，单纯采用人力难以更换，需配合起吊设备才能够完成相应的操作，因此在循环水槽实验室内通常配有行架式吊车或回旋式吊车等起吊设备。

1.2.7　测试仪器安装平台

在循环水槽的工作段上方开口处，需设置各类模型实验测试仪器的安装平台，以方便实验时的仪器设备安装与拆卸。

1.3　循环水槽的使用功能简介

循环水槽作为流体性能研究的一种基础实验设施,其主要作用是进行流体力学实验,而这些实验根据实验目的和对象的不同可主要分为四个系列:基础流体力学实验系列、船舶与海上结构物的模型水动力实验系列、海洋装备性能测试实验系列和新能源、新材料等的涉水、涉流实验系列。而循环水槽除了这些实验功能之外,还具有一些其他的用途,如:运动员训练、水中动物的游泳状态观测以及其对于流速敏感性的研究等,本书撰写的初衷是介绍并探讨循环水槽的实验功能,因此对于其他用途后面将不再介绍。

1.3.1　基础流体力学实验

基础流体力学实验指的是研究流体自身流动性质或者简易结构物在流体中的受力情况及流场分布情况等的实验,其主要包括:毕托管流速测量实验,平板阻力实验,圆柱、圆球的绕流实验,聚合物溶液的减阻实验,翼型、翼栅及不规则物体表面压力分布测量实验,边界层和边界层控制实验,圆柱杆的涡激振动实验以及流动观测实验等。

1.3.2　船舶与海上结构物的模型水动力实验

船舶与海上结构物的模型水动力实验指的是对船舶或海上结构物的缩尺模型进行水动力性能测试,并根据相似性原理预估、分析船舶或海上结构物的水动力性能,为工程实践或科学研究提供实验依据。循环水槽可完成的这一类模型实验相对较多,最主要的有:船模阻力实验,舵的升、阻力实验,螺旋桨敞水实验,海洋钻井平台桩腿水动力学实验,船舶及潜器模型的操纵性水动力测量实验,船模自航实验,船模伴流实验,船模周围流场显示及流速、压力分布测量实验,船模在斜流中的响应实验,船模表面摩擦应力的测量实验,减摇鳍、水翼等的三分力测量实验,船体附加物性能实验,螺旋桨的激振力实验,船模任意角度多分力测量实验,船模的岸吸、底吸、船吸等性能实验,水中潜器的各种分项实验,明轮实验,气膜减阻实验,新型仿生推进器实验,水下航行体稳定实验,水声拖缆水动力实验等。有些含有造波设备、具有造波功能的循环水槽还可完成船舶与海上结构物模型的波浪响应实验及波浪流联合作用实验等。

1.3.3　海洋装备性能测试实验

海洋装备性能测试实验指的是对应用于海上(或河流、湖泊)作业的装备进行模型实验测试,分析其在水流作用下的响应与性能,以为更好地实现作业要求提供保障的实验。这一类的实验主要有:渔业水产方面的渔网、渔具、养殖网箱、拖网设备等的性能测试实验,海洋测绘方面的浮标、潜标在水流作用下的响应情况测试实验,海洋管道方面的流速对于铺管作业的影响测试实验及已铺设管道在不同角度、不同流速水流下的响应测试实验和其他如海上设备附体性能测试实验,海洋浮箱在水流影响下的响应性能实验以及相关测试仪器的校正、标定与开发测试实验等。

1.3.4 新能源、新材料、新仪器设备等的涉水、涉流实验

新能源、新材料、新仪器设备等的涉水、涉流实验指的是:①新能源利用方法及新能源装置在研发过程中的涉水、涉流实验及后期的整体性能测试实验等,如:各种风电、水电翼型的水动力功率效率实验,潮流能发电装置、洋流发电装置等的模型性能实验,摆翼推进装置的推进效率研究实验以及相关仿生推进装置的测试实验等;②与水流相关的新材料应用方面的性能测试实验,如:材料涂层的减阻效果实验、水中材料涂层对于水质的影响实验等;③某些新型仪器设备在开发的过程中需要在水流或水域进行实验测试,甚至是某些仪器设备的开发目的和应用场景便是服务于水流测量或应用于特定水域,而这些仪器设备在正式投入生产和应用之前通常都需要在相应的水动力实验设施中进行测试与标定,以确保其可行性和可靠性。如,新开发出一款新型流速测量装置时,就需要在循环水槽等水动力实验设施中进行实验,以确保该装置的原理可行性和测量可靠性,而后方可投入使用,并且在使用之前仍需在循环水槽等设施中进行标定,以明确装置的直接测量量和所需测量量之间的关系,从而最终确保该装置满足实际使用需求;再如,新开发的一种螺旋桨敞水动力仪,在正式使用之前需要在循环水槽或拖曳水池等水动力实验设施中进行实验,以确保其原理的可行性和测量的可靠性。

第2章　循环水槽实验中用到的仪器设备

实验过程中仪器设备必不可少。在进行一些成熟的实验时，需要提前了解所用到的设备性能指标，以判断其是否能够完全满足实验的要求；而在一些特殊的实验中，可能会出现现有的实验设备无法满足要求的情况，此时也应根据实验要求以及目前已具备的专业知识和专业技术制作相应的仪器设备，以达到实验要求，从而完成实验内容。就目前而言，各专业已成熟应用的实验仪器绝大多数是根据实验需求制作而后不断发展完成出来的，故而实验仪器是为实验需求服务的，实验人员不能被“这个仪器可以完成哪些实验”的想法束缚住，而是要有“这个实验可以用哪些仪器完成”的思想，从而根据实验要求和各仪器特点不断更新实验设备，以完成更多的实验内容。

循环水槽作为水动力实验的主要基础设施，在采用其完成各类水动力实验时，通常也需要配合一些成熟的专用仪器设备，如：测力天平、阻力实验仪、敞水动力仪、平面运动机构（PMM）、数据采集仪、粒子图像测速（PIV）技术、自航动力仪等。这些仪器设备几乎能够完成循环水槽中绝大多数成熟的水动力实验内容，同时也可协助特定设备完成大多数目前已知循环水槽中的特殊实验内容。下面将依次介绍这些仪器设备，以帮助读者更好地理解仪器设备的功能、作用和原理等相关知识，以便更得心应手地应用这些仪器设备完成各类实验内容。

2.1　测力天平

测力天平是水动力实验中最常用到的测力量具之一，根据测力方向数可分为单分力天平（single-component Balance）和多分力天平（multi-component Balance）。单分力天平又称为单分量天平，顾名思义，它只能测量单个方向上的受力情况；多分力天平又称为多分量天平，它可以测量多个方向上的受力情况。循环水槽水动力实验中最常用到的测力天平是三分力天平和六分力天平。

2.1.1　三分力天平

三分力天平（three-component balance）指的是可以测量三个方向分力的天平，但是由于一个物体的受力情况可以拆解成沿 x、y、z 三轴的力和绕 x、y、z 三轴的力矩，因此根据所测力的方向组合不同，三分力天平可以分为多个类型，而在水动力实验中常用到的类型是可以测量沿 x、y 轴的力和绕 z 轴的力矩的这一类型。

三分力天平根据所测力的方向组合不同，其内部结构和测量方式也不尽相同，在水动力实验中常用到的测力天平类型其内部结构通常是垂直筋形式，其测量方式通常采用应变测量。垂直筋结构的三分力天平中较常见到的是三垂直筋结构、四垂直筋结构和八垂直筋结构，其中以四垂直筋结构最为常见，因此下面以四垂直筋结构来探讨三分力天平的工作原理。其结构图如图 2 - 1 所示，图中的四垂直筋结构是由四根等截面垂直筋组成的，而等截面垂直筋是一种较为基础的垂直筋形式，其他类型的垂直筋大部分可由等截面垂直筋根据需求演变并设计出来。

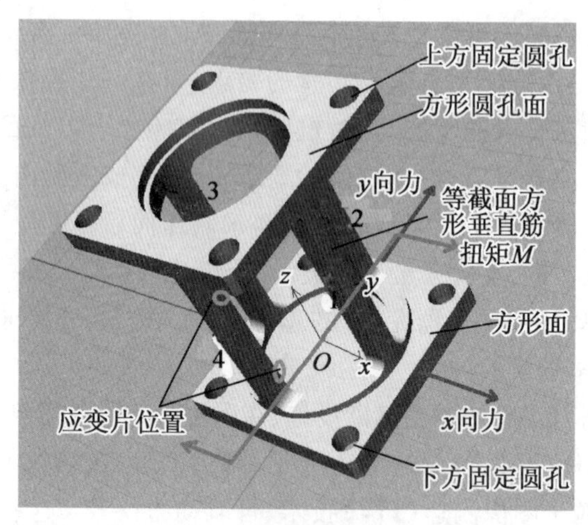

图 2 - 1　四垂直筋结构图

四垂直筋结构如图 2 - 1 所示，四根垂直筋在同一圆周上按两两相隔 90°分布，如此相对的两根垂直筋在同一圆周上的连线相互垂直，而这两对相互垂直的垂直筋则可分别测量 x、y 两个方向上的受力。假定天平内部的坐标系如图 2 - 1 所示，以四根垂直筋所分布的圆周的圆心为坐标系的原点；以垂直筋 1 和垂直筋 3 在同一圆周上的连线为 x 轴，方向由垂直筋 3 指向垂直筋 1 为正；以垂直筋 2 和垂直筋 4 在同一圆周上的连线为 y 轴，方向由垂直筋 4 指向垂直筋 2 为正；以平行于四根垂直筋、过坐标系原点的直线为 z 轴，方向由测力天平的下方固定面指向上方固定面为正。由此可通过垂直筋 1 和垂直筋 3 的应变量来测量 x 方向的力，通过垂直筋 2 和垂直筋 4 的应变量来测量 y 方向的力。接下来以测量 x 方向的力为例对其测力原理进行简单的介绍。

应变式测力天平是以应变效应和惠斯通电桥为基础设计的测力装置，因此在介绍测力天平的工作原理前需要先了解应变效应和惠斯通电桥。应变效应指的是导体或半导体在外界力的作用下产生机械变形时，其电阻值也会发生相应改变的现象，根据这一效应制作出的电阻式应变片是应变式测力天平中常用的重要元器件之一。惠斯通电桥如图 2 - 2 所示，该电桥由 4 个电阻元件构成，其中 U_a 为输入电压，U_b 为输出电压。如这 4 个电阻元件均为相同的 4 个电阻式应变片，则应变片未产生机械变形时，输出电压 U_b 的值为 0；而当应变片受外力影响产生机械变形时，其电阻值将发生变化，当电桥中相邻的两个应变片的电阻值变化量均不一致时，B、D 两点的电势也将不同，由此 B、D 两点电势差即输出电压 U_b 将不为 0，根据输出电压 U_b、输入电压 U_a 和应变片的初始电阻值 R 即可求解出应变片的电阻变化量，根据其电阻变化量和应变片的基础属性可解出其机械变形量，而根据机械变形量及材料的属性便可得出所受外力情况。

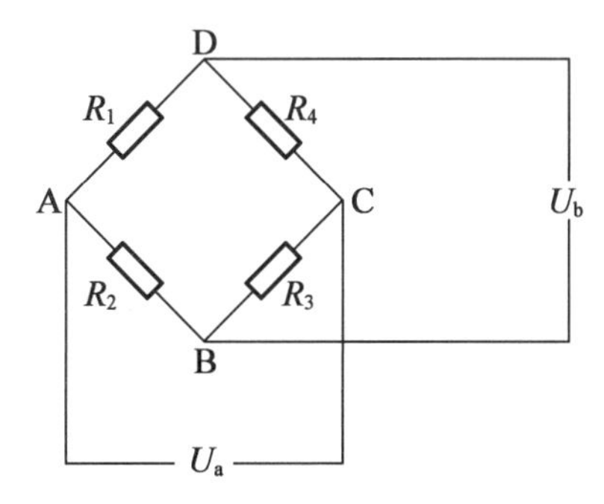

图2－2 惠斯通电桥

图2－1中的四垂直筋结构以垂直筋1和垂直筋3来测量 x 方向的力时，在这两根垂直筋垂直于 x 轴的前方平面上下两处分别粘贴应变片，应变片的粘贴方向平行于 z 轴，且两根垂直筋上的上下对应的应变片的粘贴位置处 z 值相等，由此可假设应变片 R_1 和 R_2 粘贴在垂直筋1上，R_1 的粘贴位置处 z 值为 z_1、R_2 的粘贴位置处 z 值为 z_2，R_3 和 R_4 粘贴在垂直筋3上，同样 R_3 和 R_4 的粘贴位置处 z 值也分别是 z_1 和 z_2。而测力天平应用在循环水槽水动力实验中时，其上方固定面通常是与实验仪器刚性连接固定不动的，下方固定面与实验模型刚性连接并会随着模型受力而随模型产生极微小的位移，若模型受到指向 x 轴负方向的力，则模型将会带动测力天平的下方固定面向 x 轴的负方向产生微小的位移，使测力天平中的四根垂直筋产生变形，其变形情况如图2－3所示。

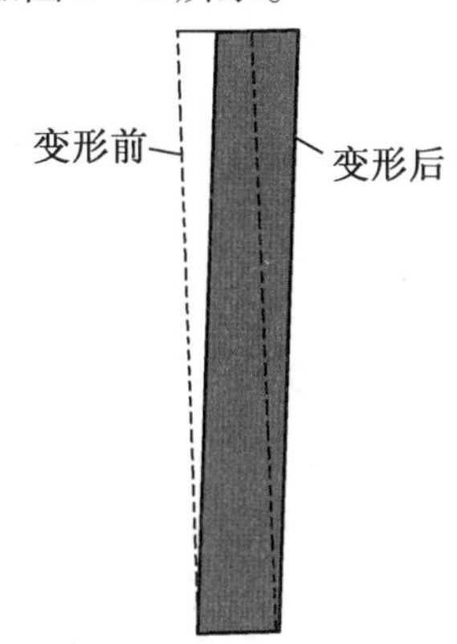

图2－3 测力天平受力工作时垂直筋的变形情况

如图2－3所示，垂直筋的变形会使其原来与 x 轴垂直的两个平面沿着垂直筋的垂向产生拉伸，而粘贴在其上的应变片也会随着垂直筋的拉伸而拉伸，由此产生机械变形，导致其自身电阻值发生变化。如此假设应变片 R_1 由于机械变形产生的电阻变化量是 ΔR_1，R_2 由于机械变形产生的电阻变化量是 ΔR_2，由于 R_3 和 R_4 的布置位置与 R_1 和 R_2 的布置位置在 z 向相同，且垂直筋1和垂直筋3的变形状态一致，因此 R_3 和 R_4 的电阻变化量分别是 ΔR_1 和 ΔR_2，那么B点的电势将是

$$E_b = \frac{(R+\Delta R_1)U_a}{2R+\Delta R_1+\Delta R_2} \tag{2-1}$$

D 点的电势将是

$$E_d = \frac{(R+\Delta R_2)U_a}{2R+\Delta R_1+\Delta R_2} \tag{2-2}$$

则 B、D 两端的电势差，即输出电压 U_b 为

$$U_b = E_d - E_b = \frac{U_a(\Delta R_2-\Delta R_1)}{2R+\Delta R_1+\Delta R_2} \tag{2-3}$$

由于 $R \gg \Delta R_1$ 且 $R \gg \Delta R_2$，因此根据式(2-3)可得

$$\frac{\Delta R_2}{R} - \frac{\Delta R_1}{R} = \frac{2U_b}{U_a} \tag{2-4}$$

根据应变片的性质，即其电阻变化率与应变成线性比例关系，可知

$$\frac{\Delta R}{R} = k\varepsilon \tag{2-5}$$

式中，k 为应变片的灵敏度系数；ε 为应变量。

而根据垂直筋的变形情况可知，应变片 R_1 和 R_2 的粘贴位置处的应变值分别为

$$\varepsilon_1 = \frac{M_1}{WE} = \frac{Fz_1}{WE}$$

$$\varepsilon_2 = \frac{M_2}{WE} = \frac{Fz_2}{WE} \tag{2-6}$$

式中，M_1 和 M_2 分别为垂直筋在 z_1 和 z_2 位置处受到的力矩；F 为垂直筋在下方固定面处所受到的力，由于四根垂直筋受力和变形情况均一致，因此其应为测力天平下方固定面所受到的力的 1/4；W 为垂直筋的抗弯界面系数，其与垂直筋的截面参数有关；E 为弹性模量，其与垂直筋的材料属性有关。

将式(2-5)和式(2-6)代入式(2-4)中，可得

$$\frac{\Delta R_2}{R} - \frac{\Delta R_1}{R} = k\varepsilon_1 - k\varepsilon_2 = k\frac{F(z_2-z_1)}{WE} = \frac{2U_b}{U_a} \tag{2-7}$$

根据上式可知，单根垂直筋的受力 F 为

$$F = \frac{2U_bWE}{kU_a(z_2-z_1)} \tag{2-8}$$

由于测力天平的下方固定面的受力是单根垂直筋的 4 倍，因此根据式(2-8)中求出的垂直筋受力乘以 4 即可得出测力天平的受力。

利用四垂直筋结构测量其绕 z 轴的力矩方法和以上介绍的测力方法类似，同样是采用电阻应变式测量，即通过垂直筋的拉伸带动电阻式应变片产生拉伸，而根据电阻式应变片由拉伸产生的电阻变化量导致的输出电压变化值计算其力矩的大小。在介绍扭矩测量的原理前首先要明确的是如何将扭矩与垂直筋的拉伸量建立起联系，在这里可以以纯扭矩产生的剪切应力 τ 和剪切应变 γ 为纽带将其联系起来。

由于四根垂直筋分布在一个圆环上，且垂直筋的截面边长相较于圆环外圆周长而言小

很多，因此可近似认为垂直筋截面近圆环外圆周的那条边在圆周上，四垂直筋结构中的四根垂直筋的外表面可近似认为在圆筒的外表面上。而由圆筒表面在纯扭矩作用下的剪切应变状态（图 2－4）可知，垂直筋的外表面在仅受到绕 z 轴的力矩时，其整个表面上的剪切应变值 γ 相等。在测量绕 z 轴的力矩时，分别在四根垂直筋的外表面的 z_3 高度处沿垂向各粘贴一个应变片记为 R_9、R_{10}、R_{11}、R_{12}，在四垂直筋结构测力天平的顶（底）端下（上）表面粘贴两个应变片分别记为 R_{13}、R_{14}。对于这些用于力矩测量的应变片而言，R_9、R_{10}、R_{11}、R_{12}会随着垂直筋的扭曲而产生拉伸，而 R_{13}、R_{14} 由于粘贴在顶（底）端表面，而其粘贴的表面并没有产生变形，因此这两个应变片也不会产生拉伸或压缩变形。而根据相似性原理不难推得：应变片 R_9、R_{10}、R_{11}、R_{12}的拉伸率与垂直筋外表面整体的拉伸率相等，由此可知，垂直筋外表面沿垂向方向因绕 z 轴的力矩而产生的拉伸率处处相等。

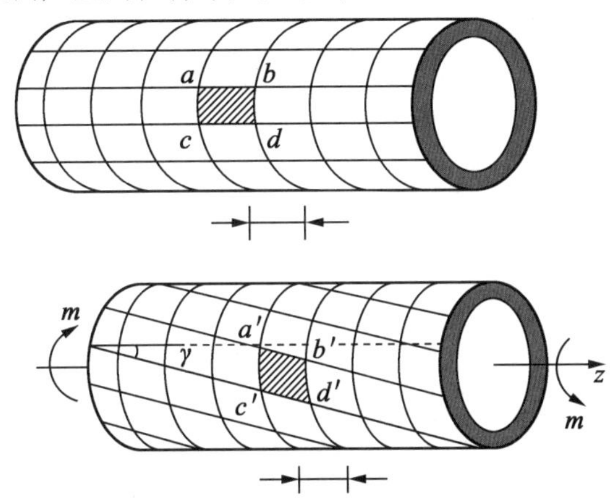

图 2－4　圆筒在纯扭矩情况下的剪切应变状态

若 R_9 和 R_{11} 分别粘贴在垂直筋 1 和垂直筋 3 上，R_{10} 和 R_{12} 分别粘贴在垂直筋 2 和垂直筋 4 上，则在进行力矩测量时，分别以 R_9、R_{11}、R_{13}、R_{14} 和 R_{10}、R_{12}、R_{13}、R_{14} 组成两个全桥电路，其电路图如图 2－5 所示。

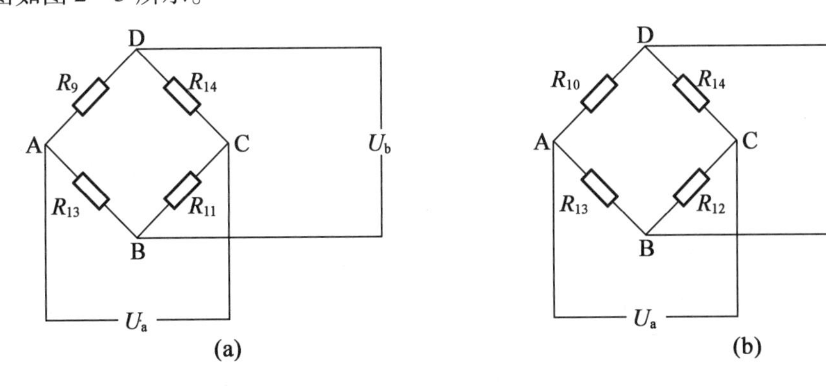

图 2－5　绕 z 轴的力矩测量电路图

从图 2－5 中可知，当四垂直筋结构的测力天平由于受到绕 z 轴的力矩而使得四根垂直筋产生扭转时，R_9 和 R_{11} 将会随之产生拉伸，而由于四根垂直筋的外表面拉伸率是一致的，

因此 R_9 和 R_{11} 由于拉伸产生的电阻变化量也是一致的，假设为 ΔR_9，由此可知图 2-5(a) 中的输出电压为

$$U_{ba} = \frac{\Delta R_9 U_a}{2R + \Delta R_9} \tag{2-9}$$

由式(2-9)可得

$$\frac{\Delta R_9}{R} = \frac{2U_{ba}}{U_a - U_{ba}} \tag{2-10}$$

由此可知应变片的应变量为

$$\varepsilon_{R_9} = \frac{\Delta l}{l} = k\frac{\Delta R_9}{R} = k\frac{2U_{ba}}{U_a - U_{ba}} \tag{2-11}$$

而根据以上对于垂直筋外表面变形情况的介绍可知，当测力天平仅受到绕 z 轴的力矩 M_z 时，应变片 R_9 和 R_{11} 的应变情况即是垂直筋 1 和垂直筋 3 的整体的应变情况，由此可知

$$\varepsilon_{1M_z} = \varepsilon_{3M_z} = \varepsilon_{M_zR_9}$$

而垂直筋 1 和垂直筋 3 的应变量为

$$\varepsilon_{1M_z} = \varepsilon_{3M_z} = \varepsilon_{M_zR_9} = \frac{\Delta l}{l} = \frac{l/\cos\gamma - l}{l} \tag{2-12}$$

由式(2-12)可以求得垂直筋外表面在仅受到绕 z 轴的力矩 M_z 时所产生的剪切应变为

$$\gamma = \arccos\frac{1}{1 + \varepsilon_{M_zR_9}} \tag{2-13}$$

根据材料的剪切胡克定律可知，物体在力矩的作用下产生扭转时，其切应力和切应变的关系为 $\tau = G\gamma$；根据材料力学中的知识，物体在受到力矩作用时其切应力和力矩的关系为 $\tau = \frac{M_z}{W_k}$。

将以上两式联立可得

$$\gamma = \frac{M_z}{GW_k} \tag{2-14}$$

将式(2-13)和式(2-14)联立，可得绕 z 轴的力矩计算公式为

$$M_z = GW_k\arccos\frac{1}{1 + \varepsilon_{M_zR_9}} \tag{2-15}$$

式中，G 为材料的切变模量，它是个常数，仅与材料本身有关；W_k 为物体的抗扭截面系数，对于方型立柱可参考《材料力学手册》给出的计算公式，$W_k = (b/h - 0.63)h^3$；$\varepsilon_{M_zR_9}$ 为应变片由于垂直筋的扭转而产生的拉伸应变量，即由于绕 z 轴的力矩 M_z 而产生的应变量。

由于 R_9 和 R_{11} 是粘贴在垂直筋 1 和垂直筋 3 的外表面，其粘贴方向是沿着 z 轴、垂直于 x 轴，当其受到平行于 y 轴的力时其应变值几乎为零，由此可知 R_9 和 R_{11} 只有受到沿 x 方向的力或绕 z 轴的力矩时才会产生拉伸应变从而产生电阻的变化。根据以上介绍的测力原理可知，x 或 y 方向上的力是通过测量同一垂直筋不同两点处的应变差来实现的，这样便可以避免由于绕 z 轴的力矩而产生的应变量的影响(垂直筋的同一表面上因绕 z 轴的力矩 M_z 而产生的应变量处处相等)。由此可知，应变片 R_9 的应变量可分解为由于 x 方向的受力 F_x 而

产生的应变量 $\varepsilon_{F_xR_9}$ 和由于绕 z 轴的力矩而产生的应变量 $\varepsilon_{M_zR_9}$，即

$$\varepsilon_{R_9}=\varepsilon_{F_xR_9}+\varepsilon_{M_zR_9} \tag{2-16}$$

由于 R_9 是粘贴在 z_3 位置处的应变片，因此根据式(2－8)中求出的测力天平沿 x 方向的受力，可求得其由于 x 方向的受力而产生的应变量 $\varepsilon_{F_xR_9}$ 为

$$\varepsilon_{F_xR_9}=\frac{2U_{bx}z_3}{kU_a(z_2-z_1)} \tag{2-17}$$

将式(2－11)和式(2－17)代入式(2－16)中可得

$$\varepsilon_{M_zR_9}=k\frac{2U_{ba}}{U_a-U_{ba}}-\frac{2U_{bx}z_3}{kU_a(z_2-z_1)} \tag{2-18}$$

将式(2－18)代入式(2－15)中即可求出垂直筋 1 或垂直筋 3 上受到的绕 z 轴的力矩 M_{z_1} 为

$$M_{z_1}=GW_k\arccos\frac{1}{1+\left(k\frac{2U_{ba}}{U_a-U_{ba}}-\frac{2U_{bx}z_3}{kU_a(z_2-z_1)}\right)} \tag{2-19}$$

同理，根据图 2－5(b)可知，垂直筋 2 或垂直筋 4 上受到的绕 z 轴的力矩 M_{z_2} 为

$$M_{z_2}=GW_k\arccos\frac{1}{1+\left(k\frac{2U_{bb}}{U_a-U_{bb}}-\frac{2U_{by}z_3}{kU_a(z_2-z_1)}\right)} \tag{2-20}$$

将式(2－19)和式(2－20)相加乘以 2 即是四垂直筋结构测力天平所受到的绕 z 轴的力矩，即 $M_z=2(M_{z_1}+M_{z_2})$。

以上即是四垂直筋结构三分力天平的测力原理。在实际工程应用中，由于加工精度、材料均匀性等可能会导致四根垂直筋之间的变形情况与理论结果存在着差别，因此应用于实际工程中的测力天平在出厂前通常需要进行重新标定，以确定电信号、应变和受力之间的关系，从而消除材料和加工误差等的影响。

2.1.2　六分力天平

六分力天平(six-component balance)指的是可以测量沿 x、y、z 轴三个方向的力和绕 x、y、z 轴三个方向的力矩的全方向测力天平。应变式六分力测量天平的工作原理与三分力测量天平的工作原理类似，均是将不同方向的分力与测力天平结构中的某部分应变量联系起来，即假设当测力天平受到某一方向上的力时，计算出该力会使天平结构中的某一部分产生应变量，同时根据应变片的应变原理和直接测量量(电压)推出天平结构的这一部分中的应变量，再根据计算出的受力和应变关系反推出使该部分结构产生这一应变量的受力值即天平在该方向上的受力。测力天平在实际应用中可能并非仅受一个方向上的力，因此在其设计时需明确各分力的解耦方法，即当测力天平结构中某一分力对应的应变量测量点存在着其他分力会导致该点应变量发生变化时需明确去除其他方向分力产生的应变量影响的方法，以确定该点处受所测分力影响而产生的应变量的值。

在 2.1.1 中以四垂直筋结构测力天平为例介绍三分力天平的工作原理时也已将解耦方法融入其中。在测量 x 方向的受力时，由于测量所用到的应变片变形平面与 y 轴垂直，因此

y 轴方向受力时不会使测量 x 轴方向受力的应变片产生应变量；而当测力天平受到绕 z 轴的力矩时，测量 x 轴方向受力的应变片也会产生相应的应变量，即 x 方向的力和绕 z 轴的力矩均会使测量 x 轴方向受力的应变片产生应变量。但是仅有 x 轴方向的力使应变片产生的应变量是有效应变量，记为 ε_E；绕 z 轴的力矩产生的应变量对于测量 x 轴方向的受力而言是干扰应变量，记为 ε_I。应变片在测量时不能分出 ε_E 和 ε_I，只能测出一个应变量即 ε_x，为了将干扰应变量 ε_I 去除，仅保留有效应变量 ε_E 的相关参数，在对测量结果进行处理时，通过将同一变形平面上不同垂向位置处的应变量相减，求出两处位置的应变量之差即有效应变量之差 $\Delta\varepsilon_E$，并据此求出 x 方向的受力。y 轴方向的受力解耦方法与 x 轴方向的解耦方法相同。根据 2.1.1 中介绍的测量绕 z 轴的力矩的原理可知，沿 x 轴和 y 轴方向的力均会使测量绕 z 轴的力矩的应变片产生应变量，因此在对测量结果进行解耦时需剔除因 x 轴和 y 轴受力而产生的应变量，这一方法要根据以上解耦方法求出 x 轴和 y 轴方向的受力后，计算出由于这两个方向上的力而产生的干扰应变量的值，用测量应变片测出的总应变量的值减去计算出的干扰应变量的值即是有效应变量的值，最后根据此值即可求出绕 z 轴的力矩值（过程详见 2.1.1）。

以上是应变式三分力测量天平的解耦全过程，应变式六分力测量天平的解耦过程与三分力天平类似，即假设单一方向 i 的受力为 F_i（$i=1,2,3,4,5,6$，分别对应沿 x、y、z 三个方向和绕 x、y、z 三个方向），测量 i 方向受力的应变片的应变量为 ε_i，受到 j 方向上的力使测量 i 方向上受力的应变片产生的应变量为 ε_{ij}（$j=1,2,3,4,5,6$），由此可知

$$\varepsilon_i = \sum_{i=1}^{6} \varepsilon_{ij} \tag{2-21}$$

在测力天平的工作过程中，应变量是一个因变量，它是由于外力使物体发生形变而产生的一个物理量，其值的大小与材料、结构形状、受力位置和受力大小有关。对于测力天平而言，其材料、结构形状以及应变片的布置位置均是确定的，因而测力天平中应变片的应变量大小仅与其所受外力的大小有关，由此可知，ε_{ij}的大小仅与 F_j 有关，根据测力天平的内部结构和所用材料可以推出一个 ε_{ij}关于 F_j 的函数，即 $\varepsilon_{ij}=f_{ij}(F_j)$，将其代入式(2-21)中可得

$$\varepsilon_i = \sum_{j=1}^{6} f_{ij}(F_j) \tag{2-22}$$

式中，ε_i 为一个根据输出电信号可直接推导得出的值，且 $i=1,2,3,4,5,6$，根据 i 的不同上式可展开成六个方程，每个方程中均有六个未知量即 F_j（$j=1,2,3,4,5,6$），将这六个方程联立即可求出这六个未知量 F_j，即测力天平在六个方向上所受到的力和力矩的值。根据式(2-22)解出 F_j 是测力天平解耦的理论方法，使用这一方法时需推导出三十六个受力与应变量关系的函数表达式，而后将这些函数表达式代入方程组中才能解得测力天平的受力值，过程复杂且烦琐，极易出错，因此实际应用的测力天平通常采用直接标定或者通过结构设计简化解耦过程来实现对各分力的测量。

自 20 世纪 70 年代中期电阻应变式六分力测量天平问世以来，人们便不断对其结构进行研究与改进，目前已有多种六分力测量天平结构投入实际工程应用当中，如三垂直筋结构、四垂直筋结构、水平十字横梁结构、筒形结构、双环形结构、非镜像三横梁结构、双筒式结

构、复合梁结构等，其结构示意图如图 2－6 所示。

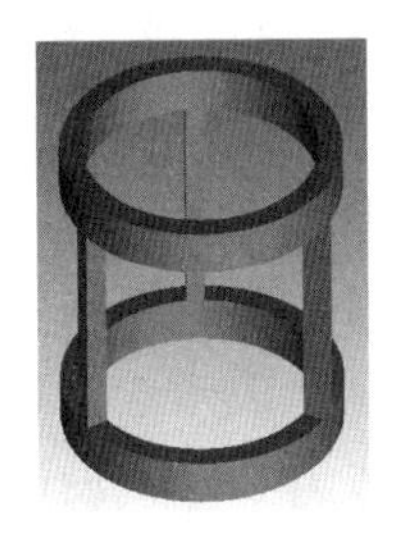

(a)三垂直筋结构

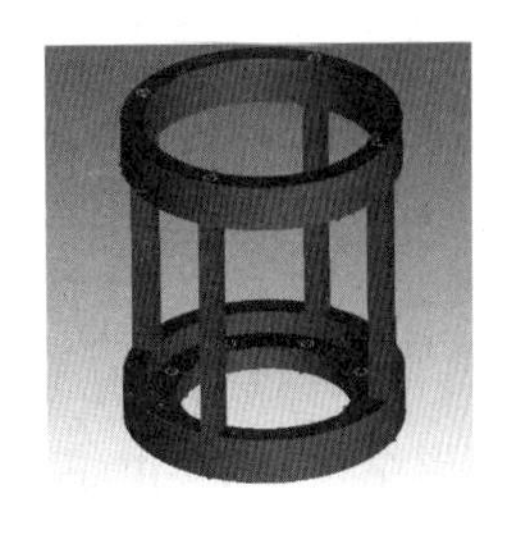

(b)四垂直筋结构

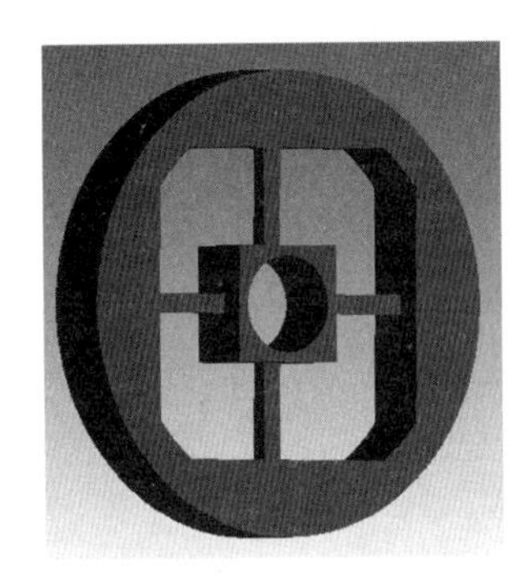

(c)水平十字横梁结构

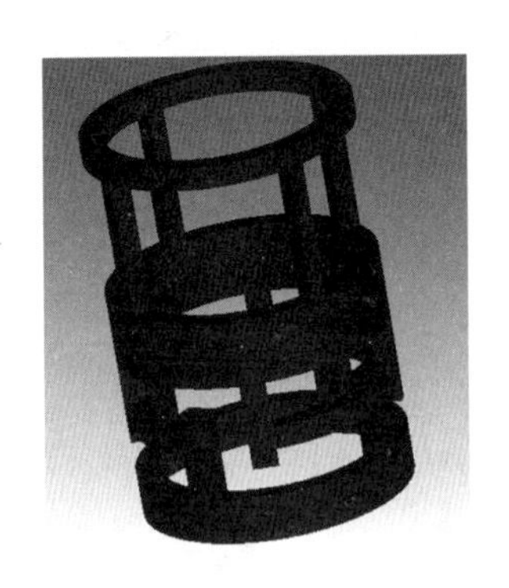

(d)筒形结构

(e)双环形结构

(f)非镜像三横梁结构

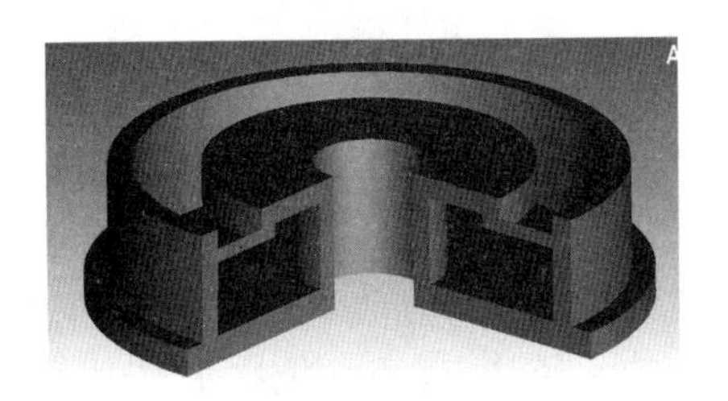

(g)双筒式结构

(h)复合梁结构

图 2－6　各类六分力测量天平的结构形式示意图

三垂直筋结构是最早出现的六分力测量天平的结构类型，其结构简单，水平 $x-y$ 方向的测量精度较高，但是各分力间的耦合比较严重，且 z 向的测量精度较低，因此这一结构慢慢被人们淘汰。四垂直筋结构是在三垂直筋结构的基础上改进的一种六分力测量天平的结构类型，其由于结构简单，各分力间耦合较小，理论分析时直观、方便，目前仍被人们广泛使用，其缺点主要是 z 向力测量时的精度较低。水平十字横梁结构是将弹性体水平放置的一种结构，其优点是结构紧凑，对称性较好，缺点是结构的制造成本较高且各分力间依然存在耦合现象。筒形结构是 20 世纪 80 年代斯坦福（Stanford）大学率先设计出的一种六分力测量天平结构，其优点是线性度较好、重复性较高且具有较好的滞后性，其缺点是刚度较低，且由于结构过于复杂而不易加工。双环结构的特点是各分力间的耦合较小，但缺点是其刚度和灵敏度之间的矛盾较大不一协调。非对称三横梁结构的特点是在水平 $x-y$ 方向的测量精度与对称布置差不多，绕 z 轴顺时针方向的测量精度较高，绕 z 轴逆时针方向由于结构问题测量精度较低。双筒式结构的特点是各分力间无耦合，可实现硬件结构解耦。复合梁结构的特点是各分力之间的耦合较小，但是结构较为复杂，加工较为困难。

六分力测量天平的结构并非仅有以上介绍的几种形式，经过几十年的应用与发展，电阻应变式六分力测量天平的结构早已是多种多样，甚至是对应于某些行业或者某些应用方面都有特定的结构形式，本书在此不再详细介绍。

2.2 船模阻力仪

船模阻力仪（resistance dynamometer）是一种在船模阻力实验中用以测量船模阻力的仪器，其根据阻力测量方式的不同可分为摆称式阻力仪和电测式阻力仪。其中，摆称式船模阻力仪是一种纯机械测量的仪器，它的出现较电测式船模阻力仪要早，而后随着应变式和压电式测力天平的出现，电测式船模阻力仪才被人们广泛采用，目前国内外水动力研究实验室中已广泛采用包括电测式船模阻力仪在内的各类电测式仪器。

2.2.1 摆称式阻力仪

摆称式阻力仪又称机械式阻力仪，它是通过对系统结构进行巧妙设计，利用砝码平衡受力最终得出船模阻力的仪器，它的测量结果直接方便，测量原理简单、易于理解，摆称式阻力仪的原理示意图如图 2-7 所示。

由图 2-7 可知，摆称式阻力仪主要由三个固定连在一起的同心轮 A、B、C，导轮 E、滑轮 F、砝码托盘、记录筒和钢丝线等组成，其中导轮 E 和同心轮 A 以钢丝相连，并且穿过导轮 E 的钢丝的另一端与船模上的拖曳点相连，连接线位于船模的纵中剖面内，保持水平，高度与水面高度相近，如此当实验船模在循环水槽中待水流稳定（或在拖曳水池中随拖车稳定运行）后，船模的受力将是平衡的，而此时船模仅受到两个力，一个是船模在运动的水中（或在水中运动时）所受到的水阻力 R_{tm}，另一个是连接在拖曳点上的钢丝绳所施加的拉力 F，由此可知：

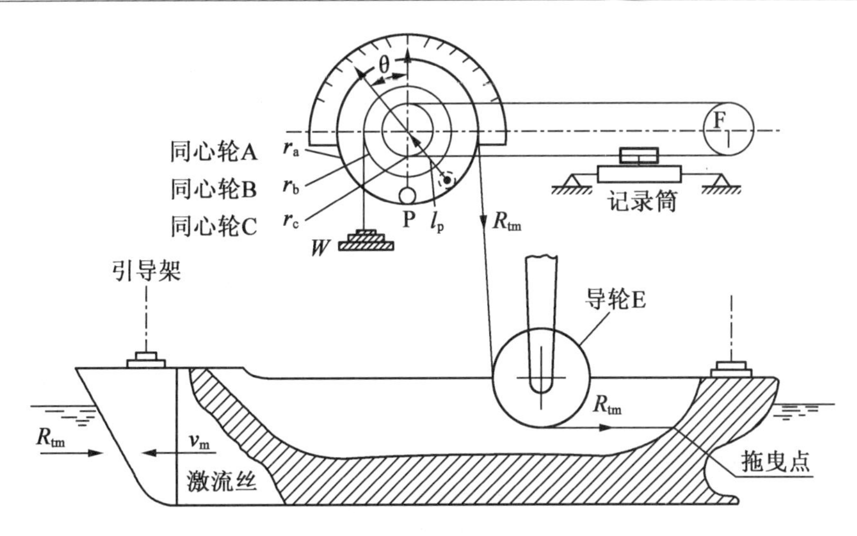

图 2 –7　摆称式阻力仪原理示意图

$$F = R_{tm} \tag{2-23}$$

其他部件连接如图 2 –7 所示，在同心轮 B 上缠绕钢丝，且钢丝的一端固定在同心轮 B 上，另一端与砝码盘相连，在同心轮 A 的下方固定重物块 P，将同心轮 C 与滑轮 F 以钢丝相连，将记录筒置于钢丝的下方。如此，当船模在水流中受到稳定的阻力时，绝大部分阻力将由砝码盘和其中所承载的砝码的重力所平衡，剩余小部分将由同心轮 A 下方的固定重物块 P 的偏移所平衡，即根据固定在一起的同心轮 A、B、C 的力矩平衡关系可知

$$Wr_b - pl_p \sin\theta = R_{tm} r_a \tag{2-24}$$

由此可求出船模所受到的总阻力为

$$R_{tm} = W\frac{r_b}{r_a} - \frac{l_p}{r_a} p \sin\theta \tag{2-25}$$

由上式可以看出重物块 P 所平衡的船模阻力值为$\frac{l_p}{r_a}p\sin\theta$，而 $\sin\theta \leqslant 1$，因此重物块 P 所能平衡的最大船模阻力值为$\frac{l_p}{r_a}p$。

在式(2 –25)中，W 为砝码盘和其中所承载的砝码的质量；r_a、r_b 分别为同心轮 A 和同心轮 B 的半径；p 为重物块 P 的质量；l_p 为重物块 P 的质心到同心轮 A 的轴中心 O 的距离；θ 为重物块 P 的偏移角度，其值以逆时针旋转为正，可通过阻力仪上的指针偏移角度读出，对于无指针和刻度盘的阻力仪可通过连接同心轮 C 和滑轮 F 的钢丝移动距离来计算重物块的偏移角度，以钢丝的逆时针运动(即图中下方钢丝向右移动)为正，由此可知

$$\theta = \frac{l}{r_c} \tag{2-26}$$

式中，l 为图中下方钢丝移动的距离；r_c 为同心轮 C 的半径。

将式(2 –26)代入式(2 –25)中可得船模总阻力为

$$R_{tm} = W\frac{r_b}{r_a} - \frac{l_p}{r_a} p \sin\frac{l}{r_c} \tag{2-27}$$

式中，r_a、r_b、r_c、p、l_p 均为摆称式阻力仪的设计常量，是已知量；W 和 l 为实验时的直接测量量。根据这些常量和直接测量量的值可以得出船舶在水中所受到的总阻力值。以上是摆称式船模阻力仪的工作原理。

2.2.2 电测式阻力仪

电测式阻力仪是利用测力天平作为测量单元的一种阻力测试仪器，其在测量阻力时先将受力转化为可测量的电信号，而后根据换算求出阻力值。该种仪器的特点是测量方法简单快捷、系统误差较小、测量结果相对准确。电测式船模阻力仪主要由应变式测力天平和机械结构部分组成，其中应变式测力天平的原理在 2.1 节中已有详细的介绍，在此不再赘述。某电测式船模阻力仪的机械结构部分工作原理图如图 2－8 所示。

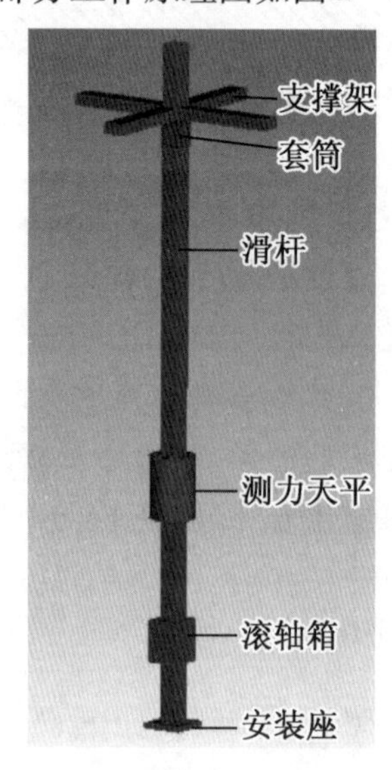

图 2－8　电测式船模阻力仪的工作原理图

由图 2－8 可以看出，该种类型的电测式船模阻力仪由支撑架、套筒、滑杆、测力天平、滚轴箱和安装底座等部分组成，其中支撑架的主要作用是方便阻力仪在循环水槽（或拖车）上安装，其内侧与套筒固定在一起；滑杆穿过套筒与测力天平、滚轴箱和安装座依次相连；测力天平的作用是测量实验船模所受到的阻力值；滚轴箱内部由平行于 x、y 方向的滚轴构成，其主要作用是保证船模可绕 x 轴和 y 轴自由旋转，但不可绕 z 轴旋转；安装底座的作用是将其安装到船模上，使实验船模与阻力仪连在一起。

当应用该种类型的船模阻力仪在循环水槽（或拖曳水池拖车）上进行船模阻力实验时，滚轴箱的存在使船模自由绕 x 轴和 y 轴转动，且不可绕 z 轴转动；同时由于套筒的存在限制了滑杆在 x 轴和 y 轴方向上的运动，但是未限制其沿 z 轴的运动，使船模的纵剖面一直与来流（拖车航行）方向平行，且无横向偏移。如此，在水流（或拖车航行速度）稳定后，船模可自由横摇、纵摇和垂荡，且由于船模和来流方向相对，水流仅给船模一个纵向的力即水阻力，如无限制这个力将使船模沿水流方向运动，但是由于阻力仪中的套筒限制住了与滑杆相连的船模的运动，因此这个力将传到与船模固定连接的底座上，并通过滑杆传递到测力天平中，由测力天平测出船模的阻力值（在循环水槽中，水给船模的阻力是主动的，由于循环水槽中水流运动而船模不动，因此如无限制，水流将会推着船模沿水流方向运动；在拖曳水池中，水给船模的阻力是被动的，因为在拖曳水池中是拖车拖着船模运动，所以水对船模产生一个真正的阻力，这个力最终被运动的拖车平衡，而如果船模以一定的初速度在水中运动时，其未与固定在拖车上的阻力仪相连，则水给船模的阻力将使船模速度逐渐减小最终使其停止运动）。

以上是电测式船模阻力仪的工作原理介绍，当前可完成船模阻力实验的方法和仪器还有很多种，如四自由度适航仪、五自由度适航仪等，其对于阻力测试的原理与以上介绍的两种阻力仪的工作原理相类似，在此不再赘述。

2.3　敞水动力仪

敞水动力仪（open water propeller dynamometer）是一种应用在螺旋桨敞水实验中，用来测量单独螺旋桨在均匀水流中工作时特性的一种专用实验仪器。目前敞水实验中应用的动力仪根据测量方式的不同可分为机械式敞水动力仪（如 J04 式动力仪等）、电测式敞水动力仪（如电阻应变式和变磁阻式敞水动力仪等）和机电综合式敞水动力仪三种；根据外观结构形式的不同可主要分为扁舟敞水箱式动力仪和炮弹式敞水动力仪两种。

2.3.1　机械式敞水动力仪

机械式敞水动力仪的原理简图如图 2－9 所示，它主要由电机、换向及减速齿轮、空心轴、实心轴、密封装置、光电测速仪、扭矩测量单元和推力测量单元等组成。在图 2－9 中 0 为推力测量刻度盘，M_1 为直流电机，2 和 3 为直角齿轮，4 为空心轴，5 为光电测速仪，6 为法兰盘，7 为扭转弹簧，8 为外环带有螺旋型槽的圆柱管，9 为弹簧压盖，10 为圆盘左侧上固定有圆柱，右侧带有连杆和滑块的机构，11 为连杆，12 为固定圆杆，13、14 和 21 为滑轮，15 为扭矩测量刻度盘，16 为平衡重物块，17 为可伸缩节头，18 为推力轴承，19 为杠杆结构，20 为滑块连杆结构，22 为砝码盘，23 为螺旋桨，24 为密封圈，25 为实心轴（即桨轴），26 为滑杆，27 为带有两个小滑块的圆环。

在图 2－9 的构件中，构件 6、7、8、9、10、11、12、13、14、15、16、26、27 等联合组成了扭矩测量单元，构件 0、17、19、20、21、22 等联合组成了推力测量单元。对于机械式敞水动力仪而言，清楚了推力测量单元、扭矩测量单元和光栅测速仪的工作原理之后，接下来将依次介绍推力测量单元、扭矩测量单元和光栅测速仪的工作原理。

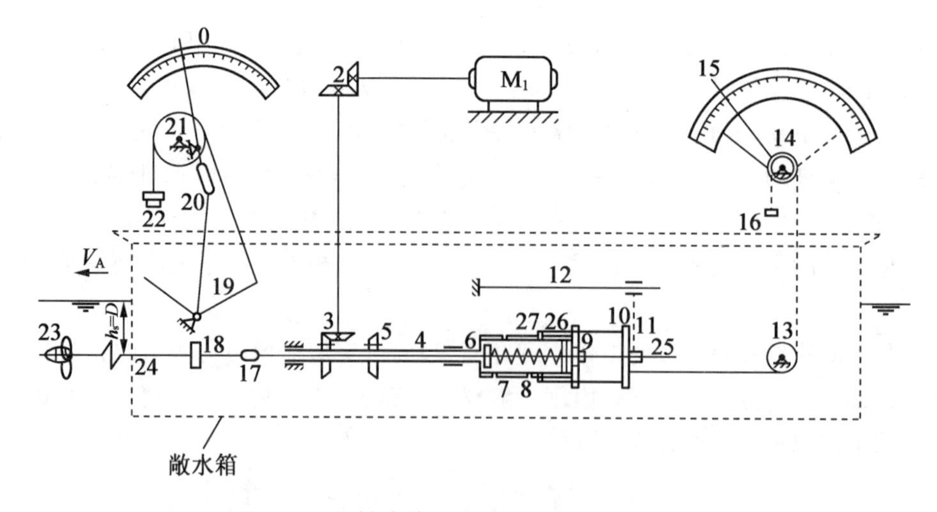

图 2-9　机械式敞水动力仪的工作原理示意图

敞水动力仪的推力测量单元是借助杠杆系统和滑块连杆机构来实现对其推力进行测量的目的的。其原理是:杠杆的一端连接到推力轴承的外表上,另一端与钢丝相连,而钢丝绕过滑轮 21 与砝码盘 22 相连。滑块连杆机构如图 2-10 所示,它的一端(即 20-3 的一端)与杠杆转轴的外圈固定,即该杆(20-3)可随杠杆的转动而转动,并且转动角度与杠杆的转动角度相同,而杆 20-3 的另一端与小滑块相连,滑块放置在滑道块(20-2)的滑道内,指针杆(20-1)的一端与滑道块相连接,两者之间的相对位移被限制但可进行相对旋转,其另一端指向表盘,并且指针杆的中间某一块区域与固定点铰接使其可以以该点为支撑点进行旋转,如此当杠杆由于受力产生转动时将使滑块连杆机构 20 的内部产生相对运动,而由于受到与 20-1 和 20-3 相连接的铰支点的限制,杆 20-3 随主杠杆旋转一定角度 α 时,杆 20-1 也将会旋转角度 β,且由于两个固定铰支点距离的限制,当旋转角度 α 确定后,杆 20-1 的旋转角度 β 也会随之固定,因此根据旋转角度 β 通过标定可反推出旋转角度 α。在杠杆系统中,当其两端受力不均产生旋转时如无外力平衡其将持续旋转,而滑块连杆机构的另一个作用就是为杠杆系统提供用以平衡的外力,以图 2-10 为例进行说明,当杠杆系统由于受到外力作用而顺时针旋转后,两铰支点之间的结构在图中向右偏离,而根据力的平衡原理这两个铰支点必然会给这一结构一个向左的分力,且这个力是被动力,即只有结构发生运动偏移之后才会产生,这个力将会使杆 20-3 产生一个逆时针的力矩,而这个力矩会平衡原来使天平产生顺时针旋转的力矩,由此通过对该系统进行标定,根据杆 20-1 的旋转角 β 或杆 20-1 指向表盘的位置即可得出杠杆系统的受力值。在该推力单元中,杠杆系统的主要受力是由砝码盘 22 及其中所加载的砝码的重量平衡,由图不难看出连接砝码盘的钢丝与杠杆系统的一端杠杆连接,由此可知,当杠杆受力拉拽钢丝时钢丝上的受力是一致的,主要受力被砝码盘及其砝码的重量平衡后,尚有微小受力无法平衡,杠杆系统会发生微小偏转,如此带动滑块连杆机构运动,将由滑块连杆机构来平衡这一微小受力。这是机械式敞水动力仪推力单元的测量原理。

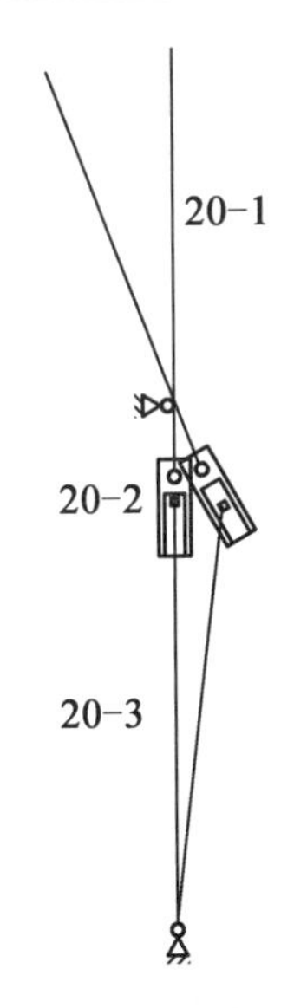

图 2－10　敞水动力仪推力测量单元中的滑块连杆机构

敞水动力仪的扭矩测量单元的结构形式是:直流电机 1 通过直角齿轮 2 和 3 把转动传至空心轴 4,空心轴右端连接有法兰 6,外表刻有螺旋型槽的圆柱管 8 套在法兰 6 上,用来转矩的扭转弹簧 7 装在圆柱管 8 之内,弹簧两端的座子都有孔与固定销相配,9 是弹簧压盖,它通过键带动内轴 25 旋转,螺旋桨装在内轴上,构件 10 穿过弹簧压盖 9 上的开口槽,通过滑杆 26 和圆环 27 相连。圆环上有两小滑块嵌在圆管外表面的螺旋形槽内。11 是连杆,上端套在圆管 12 上,且可自由滑动,下端与构件 10 相连,彼此间可以相对转动。其工作原理是:当螺旋桨产生转矩时,空心轴 4 和内轴 25 发生相对转动,弹簧 7 将发生扭转,因而圆环 27 上的两小滑块将沿圆管 8 表面的螺旋槽滑动,使构件 10 产生轴向位移,而轴向位移通过滑轮 13、14 和指针 15 转换成在刻度盘上的角位移,根据前期标定的弹簧承受的转矩和指针角位移间的关系即可得出实验所需测得的扭矩值。

光栅测速仪是用来测量敞水动力仪主轴转速以确定螺旋桨转速的仪器,它的主要功能组成模块是一个光栅编码器,而光栅编码器主要由光敏元件、光栅板、码盘基片、光源、透镜和信号处理器等组成,其中光源和透镜的作用主要是提供光学信号,并调整光线范围和方向;码盘基片和光栅板共同构成了光电码盘,光电码盘的示意图如图 2－11 所示,它的主要作用是使光线从不同区域内透过,供光敏元件接受光学信号,以确定码盘旋转的角度;信号处理器的作用顾名思义是将光敏元件接收到的光学信号转换成数字电信号输出,以供使用者读取数据。图 2－11 所示为一个 16 个编码数的光电码盘,以此为例对其工作原理进行介绍。如图 2－11 所示,将其沿圆周均分为 16 份,且沿半径方向绘制 4 个同心圆将码盘沿径向切成 5 部分,最内侧部分不用以 4 个外圆环部分作为有效区域,共计分成了 64 块小型区域。这些小型区域中每块黑色的不透光区域代表着二进制编码中的“0”,白色的透光区域代表着二进制编码中的“1”,每次光线都照射在同一扇形区域内,如此当光线照射在 0000 区域内时,由于该区域的 4 块小型区域均为黑色的不透光区域,因此光敏元件接收不到任何的光学信号,那么此时信号即记为0;如果光电码盘随着敞水动力仪的主轴进行旋转,0001区域进入到光线照射区域内时,其中最外围圆环所对应的小块区域会有光线透过,而其他区域依然无光线透过,那么此时最外围圆环所对应的光敏元件会接收到光学信号而其他圆环所对应的光敏元件接收不到信号,因此此时的信号即为0001,转化为十进制即是1,依次类推。随着光电码盘的旋转,最后1111区域也会进入到光线的照射区域,而由于1111区域内所有的小块区域均为白色的透光区,因此1111区域进入到光线照射区域后,在光电码盘后方的光敏元件将会全部接收到光学信号,此时信号即为1111,转化为十进制即是16,而此时光电码盘旋转一周完毕,即敞水动力仪的主轴完成了一次旋转,因此图2-11中的光电码盘以编码数16即1111(二进制)为一个周期,当其每记完一次1111之后,敞水动力仪的主轴旋转周数加1,根据主轴旋转的周数和编码器工作时间即可得出敞水动力仪螺旋桨轴的转速即实验时螺旋桨的转速值。

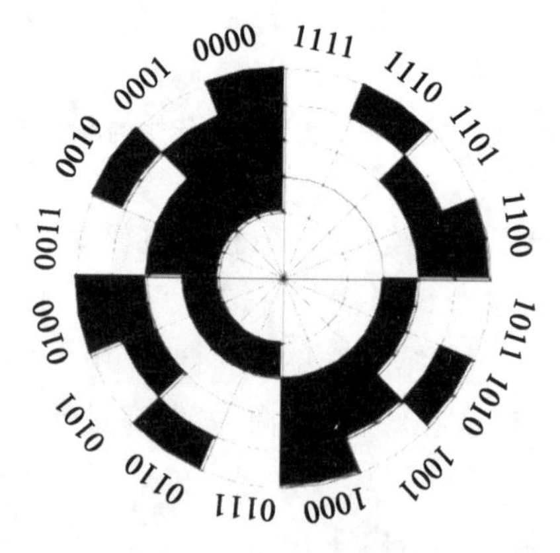

图2-11　光电码盘

以上即是对机械式敞水动力仪3个测量单元的主要工作原理的介绍,依据3个测量单元的工作原理将其组合使用是机械式敞水动力仪的整体工作原理。电测式敞水动力仪和机电混合式敞水动力仪的构造和传动形式与机械式敞水动力仪基本类似,它们之间最大的差别在于推力测量单元和扭矩测量单元不同,电测式敞水动力仪的推力测量单元和扭矩测量单元采用的均是电测式天平,如电阻应变式天平或变磁阻式天平等;机电混合式敞水动力仪顾名思义是其推力测量单元和扭矩测量单元分别以广义机械式测量天平和电测式天平中的一种作为测量工具而组成的敞水动力仪。广义机械式测量天平即如本节中介绍的机械式敞水动力仪中的推力测量模块和扭矩测量模块那样以纯粹的机械结构实现力和力矩测量的装置,电测式天平在2.1节中已有详细介绍,在此不再进行介绍。

2.3.2　扁舟敞水箱式动力仪

扁舟敞水箱式动力仪的构件分布图如图2-12所示,其由敞水箱、电机、光栅测速仪、齿轮箱、动力仪、空心轴(即外轴)、实心轴(内轴或桨轴)及轴管套等组成,其中电机、光栅测速仪、齿轮箱和动力仪等安装在敞水箱内,其布置方式如图2-12所示。将光栅测速仪安装在电机输出的传动轴上且不影响电机的传动轴原始转速,接着将传动轴与齿轮箱相连接,作为齿轮箱的动力输入来源，而后齿轮箱输出端的传动轴与动力仪相连接，最后通过动力仪将电机提供的旋转动力传递到桨轴上。使用该种形式的敞水动力仪进行螺旋桨敞水实验时，为减小敞水箱对于螺旋桨转动而产生的流场的影响，螺旋桨与敞水箱箱体之间的轴向距离需大于 2～3 倍桨直径。

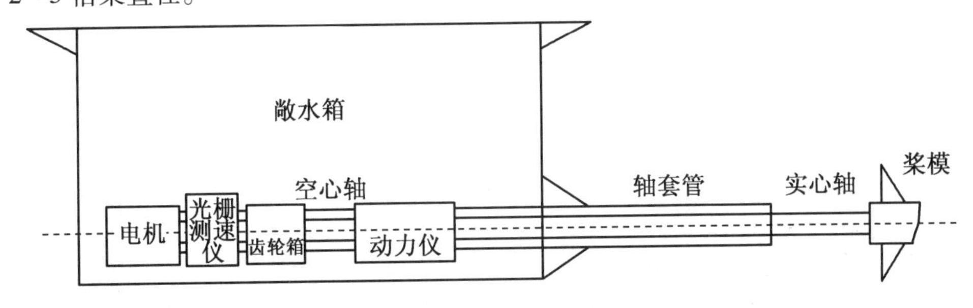

图 2－12　扁舟敞水箱式动力仪的构件分布图

在大部分敞水动力仪中，电机的主要作用均是为系统提供旋转动力使最终测试的螺旋桨模型能够以一定的转速旋转；光栅测试仪的作用是测量电机转速以换算得出最终螺旋桨的转速，其原理可参见 2.3.1 节中对于光栅测速仪的介绍；齿轮箱的作用主要是减速和换向，即改变由电机直接输出的原始转速和方向；动力仪的作用是测量实验时的扭矩和推力，即测量螺旋桨以一定的转速转动时的扭矩和推力值；实心轴的主要作用就是连接螺旋桨，并将系统所提供的旋转动力传递给测试模型；轴套管中主要安装有滑动轴承、密封圈和桨轴等，其主要作用是防止水流入敞水箱内。

空心轴在动力仪内通过扭矩测量模块与实心轴相连，以将电机输出的动力传递到实心轴上来带动实心轴转动，从而使实心轴带动螺旋桨模型转动；当螺旋桨在实心轴的带动下转动时，其产生的扭矩会作用到实心轴上，而由于实心轴是由空心轴带动转动的，因此扭矩会由实心轴传递到空心轴上。实心轴和空心轴之间由于扭矩的存在，当其中间无扭矩测量模块连接时，两者之间会产生一个相对旋转位移；而当有扭矩测量模块连接时，扭矩将会在测量模块上进行体现。即若测量模块是电阻应变式测力天平时，其天平内部结构会产生相应的变形，从而使应变材料的电阻值发生变化，由此测量扭矩大小；对于变磁阻式测力天平而言也是同理。这是动力仪测量螺旋桨扭矩的原理。

动力仪测量螺旋桨推力的结构形式与机械式敞水动力仪的形式相类似，均是有一个可伸缩节头将两根实心轴连接起来，同时在可伸缩节头和螺旋桨桨模间安装有推力轴承，在推力轴承的外壳上安装测力天平，当螺旋桨旋转产生推力时，如无其他装置阻挡，可伸缩节头的存在可使安装螺旋桨的实心轴（桨轴）产生一个向前的位移（即可伸缩节头会产生一个伸长量），推力轴承和测力天平的存在会阻止这一位移的发生，而原本促使这一位移发生的力或能量（即推力或螺旋桨的输出能量）将会使测力天平的内部结构发生变形，从而可以根据测力天平的结构变形量测得螺旋桨的推力大小。这便是动力仪测量推力的原理。对于敞水动力仪而言，其推力测量单元和扭矩测量单元的结构并非仅有以上介绍的这些，还有很多其他的形式，感兴趣的读者可自行研究，不过虽然其结构形式繁多，但殊途同归，其本质都是寻求有效、合适的方法来测量螺旋桨旋转时产生的推力和扭矩值。

2.3.3　炮弹式敞水动力仪

炮弹式螺旋桨敞水动力仪的结构如图 2 - 13 所示，从图中可以看出，它主要由三大块组成，分别是直流电机、拱形剖面支撑和流线型圆柱体水密罩，由于动力仪安装在流线型圆柱体水密罩内，且该水密罩外形与一般炮弹外形极其类似，因此人们称该种形式的敞水动力仪为炮弹式敞水动力仪。

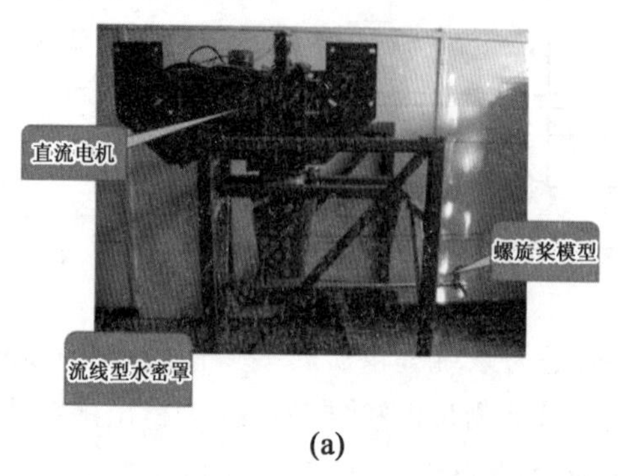

(a)

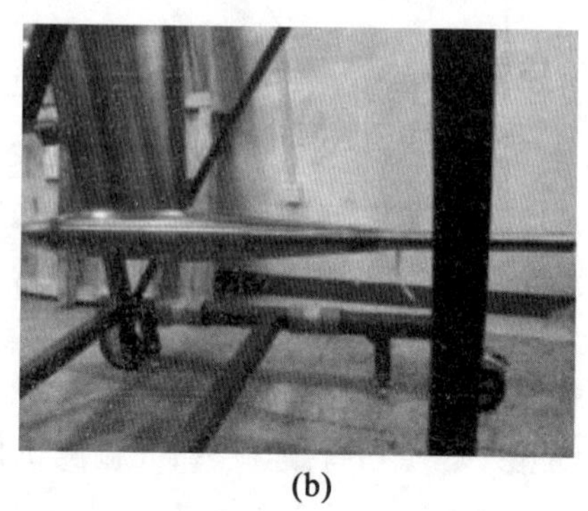

(b)

图 2 - 13　炮弹式敞水动力仪

炮弹式敞水动力仪主要是由直流电机，传动系统、转速测量单元、推力测量单元和扭矩测量单元等部件组成，其中直流电机的作用与本节中前面介绍的两种形式的敞水动力仪的作用相同；转速测量单元、推力测量单元和扭矩测量单元的结构及原理与扁舟敞水箱式动力仪基本一致；传动系统主要由传动齿轮和传动轴构成，其结构形式示意图如图 2 - 14 所示，与机械式敞水动力仪中的传动形式相类似，均是将直流电机传动轴传递出的转动量通过直角齿轮改变轴的转动方向和转速，以满足螺旋桨敞水实验的需求。由于炮弹式敞水动力仪的组成模块和各模块的功能、作用、原理等均与前文介绍的两种形式的敞水动力仪相似，且在整体工作原理方面也与前文介绍的敞水动力仪相近，在此不再重复介绍。

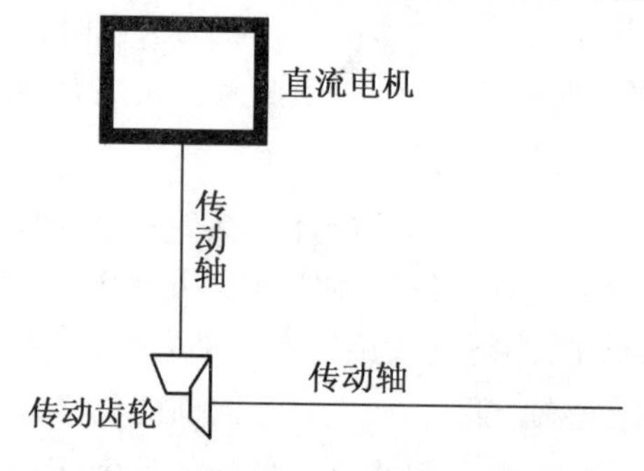

图 2 - 14　炮弹式敞水动力仪的传动系统示意图

相对于扁舟敞水箱式动力仪而言，炮弹式敞水动力仪结构更加精巧，在实验时除螺旋桨及桨轴外仅有较薄的拱形支撑连接着炮弹状的水密罩，对于螺旋桨在旋转时周围所形成的流场影响较小，这更加有利于螺旋桨敞水实验的进行，同时也能够更好地保证螺旋桨敞水实验数据测量的精度。同时这种结构在敞水实验时也有利于螺旋桨潜深的增大和拖车速度的提高。

2.4　平面运动机构

平面运动机构(Planar Motion Mechanism,PMM)指的是能使船模或其他水中航行器在垂直或水平面内以一定的频率和振幅做规定的平面运动来测定作用在其上的水动力和力矩的实验设备。平面运动机构是船舶与水中航行器操纵性约束模实验中用到的重要仪器设备之一。

2.4.1　平面运动机构的简介与发展历程

(1)平面运动机构简介。

平面运动机构最早出现在 20 世纪 50 年代的美国,它最初的设计用途是航空领域中飞机稳定性导数的测定,直到 1957 年人们将它移植到拖曳水池中用于测量潜艇的流体动力系数,自此开启了平面运动机构在船舶或水中航行器操纵性水动力导数测试领域中的应用。

目前对于船舶与水中航行器的操纵性预报研究主要有自由自航模实验、半经验半理论计算、基于数学模型的数值仿真以及约束模实验四大类方法,其中半经验半理论计算方法中的经验公式大部分是根据实验结果推导而得出的,如水动力导数计算的经验公式是根据约束模实验的结果推导得到的。航行器的水动力导数是操纵性预报与研究过程中一个重要的中间参量,它通常可以分为速度导数、角度速导数、加速度导数和耦合导数四大类,这些水动力导数充分反映出了航行器在水中各个方向上的水动力性能状态,结合其推力情况和运动学方程可对其操纵性进行预报。航行器的水动力导数需根据约束模实验或约束模实验仿真来确定,而对于某些航行器而言采用约束模实验仿真计算的方法并不能得到其可靠的水动力导数值,那么这时就需要对其进行模型实验,以确定其水动力导数值。在航行器的操纵性约束模实验中,平面运动机构是完成实验的主要仪器设备之一。

约束模实验在实验过程中约束模型多个方向上的运动响应,使模型仅能按照所预设的状态运动,如在循环水槽或拖曳水池中约束航行器模型以一定的漂角(模型的纵向方向与水流之间的夹角)相对水流做匀速相对运动以测定模型的速度导数;在旋臂水池中约束模型以一定的角速度做圆周运动以测定模型的角速度导数;利用振荡设备约束模型在水中以一定的频率和幅值做往复运动以测定模型的加速度导数;在旋臂水池中约束模型以一定的漂角做圆周运动(即模型方向与圆周运动的切向成一定的角度)以测定模型的耦合导数。从上述介绍可以看出,在约束模实验的过程中,只需模型进行单一方向上的运动,而其他方向上的运动及响应等均需被锁住,以消除不同运动之间的影响,这是平面运动机构的设计思想。

(2)平面运动机构的发展历程。

自 20 世纪 50 年代平面运动机构首次在美国泰勒水池应用以来,它便开始慢慢地被人们用于测量航行器的流体动力系数;在经历了数十年发展后的今天,世界上在船海学科领域中发展较为先进的国家均研制出了适应于自身科研条件的平面运动机构。

20 世纪 50 年代末至 70 年代初属于平面运动机构发展的早期,这期间研制并投入应用的平面运动机构基本是单垂直面或单水平面内的小振幅平面运动机构(这一阶段内的平面运动机构振幅通常在 100 mm 以内)。从 20 世纪 70 年代开始,平面运动机构进入到了高速发展阶段,在 70 年代至 80 年代初这一阶段中,为测定船舶在水平面内的非线性水动力系数,各国纷纷研发了大振幅平面运动机构(这一阶段内研制的大振幅平面运动机构振幅通常在 0.5 m 以上),且为满足肥大型船舶操纵性研究的需求,这一阶段内人们在大振幅平面运动机构的基础上研制出了基于计算机控制的平面运动拖车(即 $x-y$ 拖车),在这一阶段中虽然平面运动机构得到了较大的发展,但是它还是局限于单垂直面或单水平面内的运动测量。从 20 世纪 80 年代开始,平面运动机构开始发展成为既能在垂直面运动又能在水平面运动的立体平面运动机构,且在 80 年代末出现了可以实现六个自由度(纵荡、横荡、艏摇、升沉、纵倾、横摇)约束模实验的平面运动机构,这一阶段的平面运动机构实际上已经发展成为立体运动机构,但人们通常还是延续这一装置早期的名字,仍称之为平面运动机构。我国自 20 世纪 80 年代开始自主研制平面运动机构并投入使用,目前国内多家船海学科研究院所及学校等已拥有该设备。

2.4.2　平面运动机构的原理简介

用于水中航行器流体动力导数测试用的平面运动机构主要由机构本体、电机驱动系统、受力测量系统和数据处理软件 4 部分组成。其中,电机控制系统主要是由工控机、A/D 转换器、运动模态控制器、交流伺服系统、位移传感器和过零及采集触发装置等部件组成,它的主要作用是控制电机的运转状态,以使其能够按照预定的转速输入到平面运动机构的机构本体中,从而使机构能够按照预设轨迹带动实验模型运动;受力采集系统主要是由工控机、六分力天平和数据采集系统等部件组成,它的主要作用是采集模型在平面运动机构上做约束模实验时的受力数据;数据处理软件的主要作用是方便实验数据的存储与处理;平面运动机构的机构本体主要由机械机构组成,它的作用是借助电机传递而来的动力实现实验模型的预设运动(如振荡、俯仰、横滚等)。

(1)垂直型平面运动机构。

垂直型平面运动机构(Vertical Planar Motion Mechanism,VPMM)指的是可以实现航行器在垂直于水平面的平面内完成升沉、俯仰、横滚等振荡运动的平面运动机构,它也是最早出现的平面运动机构类型。图 2-15 是某垂直型平面运动机构的结构原理示意图,图中由于 A 和 B 模块的结构组成主要是沿 y 轴方向分布,因此在图 2-15 中的右侧单独绘制出其结构分布图,即 A 和 B 模块均是由构件 6、7、8、9 沿 y 轴方向分布组成的。

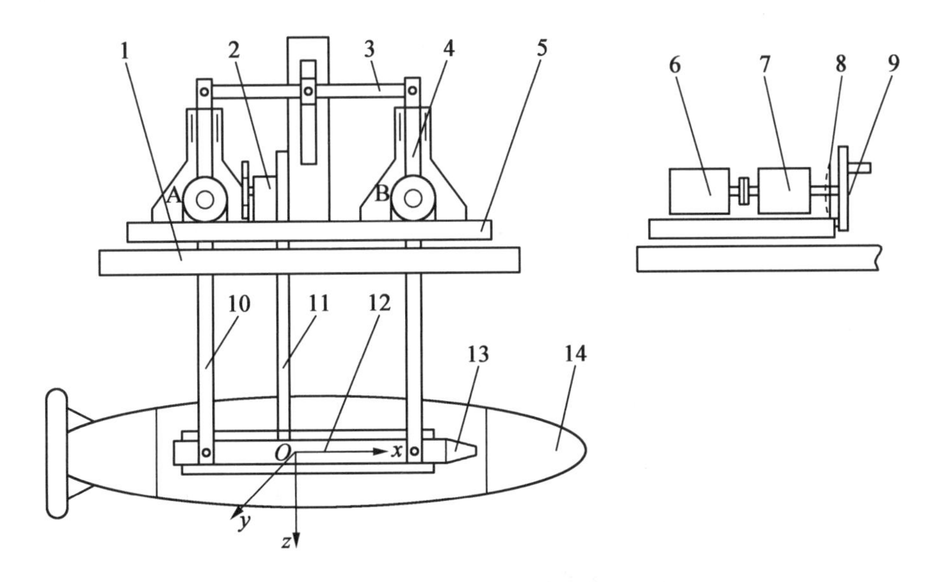

图 2-15　垂直型平面运动机构原理图

在图 2-15 中,1 是基座、2 是滚转发生机构、3 是连杆、4 是前振荡支撑杆、5 是带刻度转盘、6 是电机、7 是减速齿轮箱、8 是光电控制装置、9 是偏心轮(正弦发生机构)、10 是后振荡支撑杆、11 是滚转支杆、12 是天平套筒、13 是天平、14 是实验模型。其中基座 1 的作用是便于平面运动机构在拖曳水池拖车或循环水槽实验段台架等实验设施上安装,同时为机构整体做支撑,保证实验时机构能够有充足的空间带动模型运动;带刻度转盘 5 的作用是实验时方便对模型进行旋转,使模型可在不被重复拆装的情况下完成直航和带漂角斜航等实验;天平 13 的作用是测量实验模型 14 在平面运动机构带动振荡运动时的受力值;滚转发生机构 2、滚转支杆 11 和天平套筒 12 共同组成了平面运动机构的横滚模块;连杆 3、前振荡支撑杆 4、后振荡支撑杆 10 和模块 A、B 共同实现了平面运动机构的升沉和俯仰等功能。

模块 A、B 分别是为后振荡支杆和前振荡杆提供上下运动动力的部件,这两个模块的构件组成都是相同的,其中电机 6 是为模块提供原始动力的装置;减速齿轮箱 7 的作用是调节电机的输出转速,使其满足系统预设要求;光电控制装置 8 的作用是测量减速齿轮箱 7 的输出轴的转速,并反馈回主控系统判断是否满足系统预设转速,如是则电机保持当前转速,如不是则调节电机转速和减速齿轮箱的传动比,直至输出转速达到系统预设转速为止;偏心轮 9 的作用是将系统输出的转速转化为前、后振荡支杆的上下移动,其工作原理如图 2-16 所示,偏心轮的中心位置与减速齿轮箱的输出轴相连,在距轮中心位置处固定一圆柱,将圆柱插入与振荡支杆相连的支撑板的滑道槽内,如此,当偏心轮转动时,由于安装在偏心轮上的圆柱只能沿滑道移动,它会带动支撑板上下运动,因此振荡支撑杆上下振荡。从以上介绍可知,偏心轮的偏心距为 b,若定义固定圆柱在偏心轮表面上的截面圆心与偏心轮表面圆心的连线与穿过偏心轮表面圆心并平行于 x 轴的直线所成的夹角为 α,以逆时针旋转为正,且当偏心圆柱处于其运动圆周的最左侧时,定义 α 的值为 0,则振荡支杆的上下振荡位移为

$$z_{4,10} = b\sin\alpha \tag{2-28}$$

由上式可知振荡支撑杆的上下移动位移值与偏心轮旋转角度的正弦值成正比，因此在平面运动机构中偏心轮 9 又被称为正弦发生机构。在式(2－28)中，由于 $\sin\alpha \leqslant 1$，且以旋转 2π 角度为一个周期，故 $z_{4,10} \leqslant b$ 是以偏心轮旋转 2π 角度为一个周期，即偏心轮旋转一圈也是支撑杆上下振荡的一个周期，由此可知振荡支撑杆 4 和 10 的振幅为 b，即偏心轮的偏心距，其振荡频率即是偏心轮单位时间内的旋转转速。故，实验时可通过调节电机转速和齿轮箱的传动比来实现平面运动机构的振荡支撑杆在不同频率条件下的振荡，可通过调节偏心轮的偏心距来调整振荡支撑杆的上下振荡幅值。

实现模型的升沉和俯仰振荡是垂直型平面运动机构的重要功能之二，如图 2－17 所示即是平面运动机构的升沉和俯仰实现模块的结构原理示意图。从图 2－17 中可以看出，振荡支撑杆 4 和 10 在 $x-y$ 平面内的运动是受到约束的，仅沿 z 轴的上下运动是自由的；而连杆 3 和带滑道槽的固定平板以圆柱连接在一起，且该圆柱穿过固定平板的滑道，并可分别与连杆 3 和平板固定。若圆柱与连杆 3 固定(即连杆 3 不可绕圆柱旋转)，与平板之间相对自由(即圆柱可沿平板上的滑道上下移动)，则当振荡支撑杆 4 和 10 同向运动使模型产生上下振荡的升沉运动时，连杆 3 会随着振荡支撑杆 4 和 10 上下运动，但由于滑道和平板的限制，它仅能上下运动而不能前后或左右运动，由此可实现利用平面运动机构带动实验模型完成单一升沉运动的任务。模型单一升沉运动的升沉幅值为 $H=2b$。

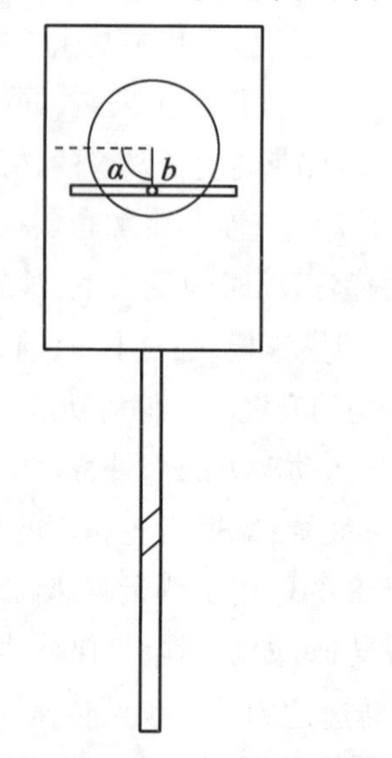

图 2－16　运动形式转换机构

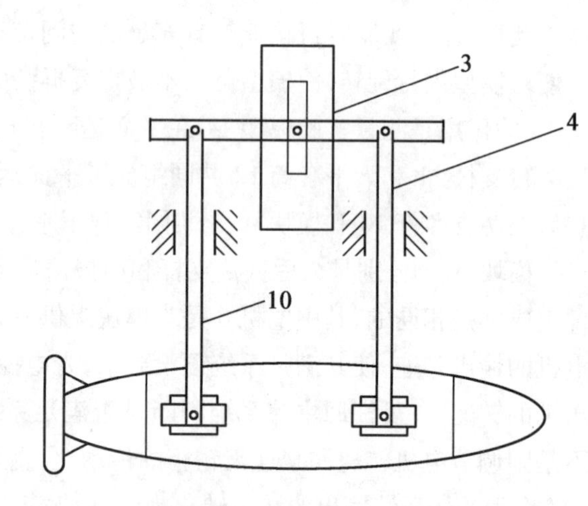

图 2－17　升沉、俯仰实现模块

当圆柱与平板固定在一起(即圆柱与平板之间不能相互移动或转动)，与连杆 3 相对自由(连杆 3 可和圆柱之间可相对转动但不可相对移动)时，此时连杆 3 相当于受到圆柱的铰支撑，且铰支点处于振荡支掌杆 4 和 10 与连杆 3 连接点的中间位置处，而振荡支撑杆 4 和 10 与连杆 3 的连接方式同样是铰接，即振荡支撑杆与连杆之间可以相互转动但不可相互移动，同时振荡支撑杆和模型安装座之间也是铰接，即运动时振荡支撑杆可相对模型安装座转动但不可相对移动，如此当振荡支撑杆 4 和 10 的振荡相位差为 180°时，两支杆之间的运动方向相反，而由于模型和连杆 3 与两支杆之间均是铰接，且连杆 3 受到圆柱的铰支约束，因此当两支杆以相反方向上下振荡时，会带动模型产生单一俯仰（纵摇）运动。模型单一俯仰运动的幅值为 $\theta = \arcsin(2b/L)$，其中 L 为振荡支撑杆 4 和 10 与连杆 3 铰接点之间的距离。

平面运动机构的横摇（横滚）实现模块示意图如图 2－18 所示，其中 11 为滚转支杆，12 为套筒。如图所示，套筒可绕其中轴线转动，滚转支杆 11 的底端有一固定滑块与一旋转 90°的 L 型装置相连，在滚转支杆上下运动时，滑块可以与 L 型装置的横向部分产生左右的相对移动，L 型装置的竖向部分作用在距套筒中轴线 b_1 位置处。滚转支杆 11 的振荡动力发生装置与 A、B 模块相同，当滚转支杆 11 上下移动时，会带动 L 型装置上下移动，而 L 型装置上下移动则会使套筒绕其中轴线旋转。在图 2－18 中，假设套筒无旋转时，L 型装置在套筒上的作用点与中轴线在同一高度处，那么当支杆带动 L 型装置向下运动时，套筒会产生逆时针的旋转角度（＋）；当支杆向上运动时，套筒会产生顺时针的旋转角度（－）；当滚转支杆来回上下振荡时，则套筒便会产生来回的横摇运动。将套筒与模型相互固定，则实验时套筒即会带动模型完成单一横摇运动，横摇运动的幅值为 $\phi = \arcsin(b/b_1)$，实验时可通过调节伺服电机的转速来调节横摇频率，通过调节正弦发生机构中偏心轮的偏心距来改变幅值。

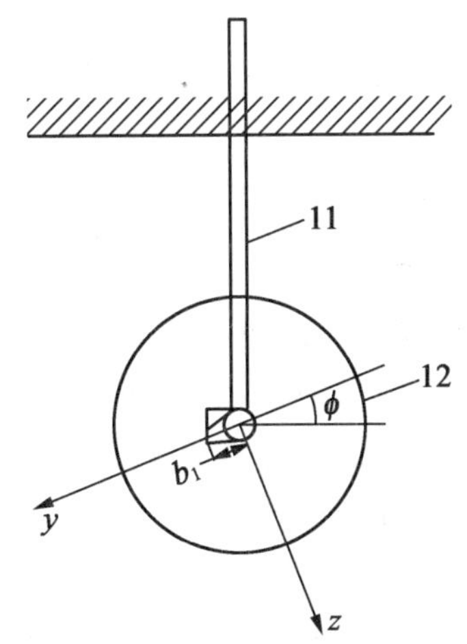

图 2－18　横摇实现装置

垂直型平面运动机构对于水面航行器而言仅能测量其在单一升沉、俯仰和横滚时的水动力；对于小型水下航行器而言，将航行器绕 x 轴（即航行器纵轴）旋转 90°，还可完成其小幅度的横荡和摇艏运动，但利用该方法测量小型水下航行器的横荡和摇艏时的水动力时，其会受到自由液面和航行器重量等方面的影响，使其测试效果较采用六自由度平面运动机构的测试效果要差，并且实验时其振荡幅值也将受到较大的限制。

（2）六自由度平面运动机构。

六自由度平面运动机构指的是可带动实验模型实现横摇（横滚）、横荡、纵摇（俯仰）、纵荡、艏摇、垂荡（升沉）等 6 个方向单一振荡运动的实验机构，某六自由度平面运动机构的原理示意图如图 2－19 所示。从图 2－19 中可以看出，该六自由度平面运动机构的垂荡、纵摇和横摇的实现方式与垂直型平面运动机构在这 3 个方向上的运动实现方式相类似，而其横荡和纵荡运动均是通过滑块机构实现的，其艏摇则是通过伺服电机的正反转来实现的，同时模型进行斜航实验时也可通过摇艏装置设置并保持一定的角度来实现。在图 2－19 中，该平面运动机构的中轴立柱为一丝杠，其作用是调节模型在水面或水下的高度。这些功能即是该平面运动机构的绝大多数功能，而其他的六自由度平面运动机构也几乎都是由这些功能所组成的。

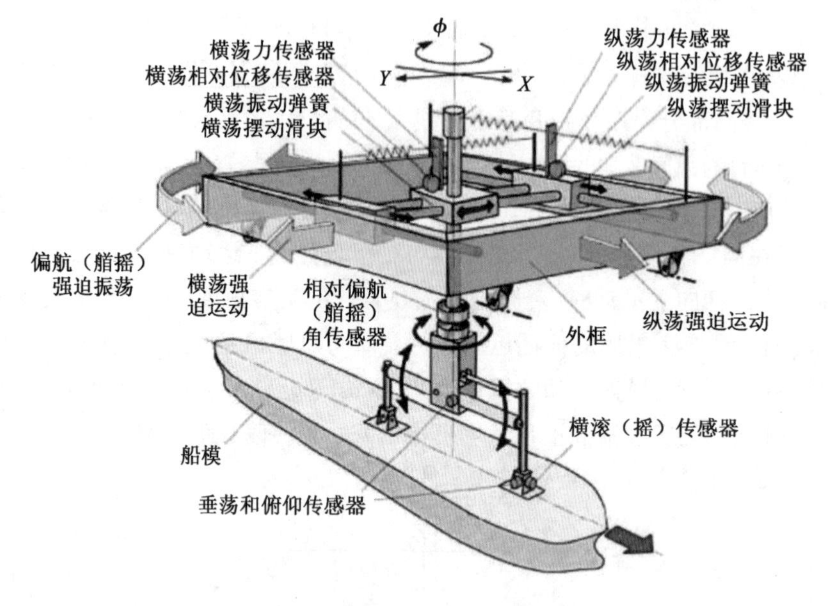

图 2－19　六自由度平面运动机构

平面运动机构中实现滑块沿滑道杆来回振荡的机构原理示意图如图 2－20 所示，它由偏心轮 1 和滑块 2 组成，且滑块垂直于 x 轴的两个平面与偏心轮相切，垂直于 y 轴的平面与偏心轮的外边轮廓之间存在一定的距离，偏心轮的偏心距为 e。如此，当偏心轮绕其旋转中心 O 点转动时，其会带动滑块沿 x 轴移动，且其移动距离为

$$X = e(1 - \cos\varphi) \tag{2-29}$$

式中，φ 为偏心轮的圆心 O_1 绕其旋转中心 O 转过的角度。

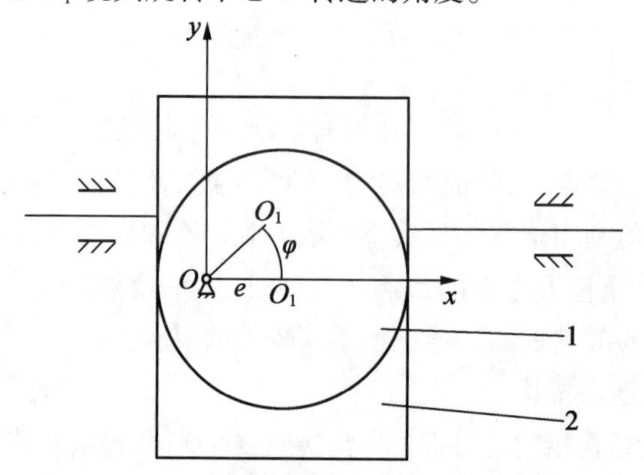

图 2－20　横荡、纵荡实现机构原理示意图

由式(2－29)可以看出 X 是一个以 2π 为周期的函数，其幅值为 $2e$，由此可知滑块沿 x

轴振荡的周期为偏心轮绕其旋转中心 O 转动一周的时间，即滑块的振荡频率为电机和齿轮箱构成的动力系统的输出转速频率，因此在实验时可通过调节电机的转速和齿轮箱的传动比来调整模型横荡或纵荡的频率；由于滑块的振荡幅值为 $2e$，那么滑块带动模型振荡的幅值也是 $2e$（两倍偏心距），因此实验时可通过调节偏心轮的偏心距来调整横荡或纵荡的幅值大小。

垂直型平面运动机构是最早产生的平面运动机构类型之一，由于其本身应用较为便利且受限较小，现在仍被广泛应用于航行器的水动力测试实验中；六自由度平面运动机构的出现相对较晚，但是近几十年来也得到了迅猛的发展，产生了很多较为成熟的产品，因而其应用也相对较为广泛，但是受限于实验条件（如在中小型循环水槽中其横荡运动受到槽壁的限制较大），目前其在国内水动力实验室中的配置率仍不及垂直型平面运动机构。

2.4.3　平面运动机构的性能指标介绍

根据以上对于平面运动机构的原理介绍可以知道垂直型平面运动机构的性能指标主要有振荡支杆简谐运动的幅值和频率、横滚运动的幅值和频率以及相应的误差要求等，对于六自由度平面运动机构还有横荡滑块简谐运动的幅值和频率、纵荡模块简谐运动的幅值和频率、艏摇幅值和频率及相应的调节、控制误差等。

振荡支杆的简谐运动幅值和频率是影响平面运动机构升沉和俯仰的幅值和频率的重要因素，它直接影响实验方案的制订。同时作为实验限制条件，它也决定了所能满足的最大或最小实验幅值和频率的要求，通常情况下垂直型平面运动机构的运动幅值应该是 $0 \sim X_m$，且在这一区间内幅值可无级调节，而其频率的最小值为一较小的值但并不为 0，且频率在最小值到最大值之间也可无级调节。横滚运动的幅值和频率即是实验时航行器模型的幅值和频率，它的幅值范围通常是 $-X^{\circ} \sim X^{\circ}$，同样在这一区间内可无级调节，即幅值可调节为 $-X_0^{\circ} \sim X_0^{\circ}$，$X_0$ 为 $[0, X]$ 区间内的任意值，横滚运动频率的最小值同样是一较小的不为 0 的值，且在其最小值与最大值之间的区间内可无级调节。对于垂直型平面运动机构而言，其机构的调节误差不应大于 $X\%$，其运动控制精度不应大于 $Y\%$，其中 X 和 Y 可相等可不等。

六自由度平面运动机构的性能指标在振荡支杆简谐运动的幅值、频率及横滚运动的幅值、频率等方面的要求与垂直型平面运动机构相同，而其在横荡和纵荡简谐运动方面的性能指标要求也与振荡支杆的指标要求相似，即横荡或纵荡方面的运动幅值在应 $[0, X]$（或 $[-Y, Y]$，$Y = X/2$）区间内，并且幅值可在区间内无级调节，而其频率最小值同样是一个较小的不为 0 的值，且频率可在最小值与最大值区间内无级调节；而相应的六自由度平面运动机构的艏摇幅值和频率的指标要求与横滚运动的幅值和频率的指标要求相似，其机构调节精度、运动控制精度等指标要求也与垂直型平面运动机构在这一方面的指标要求相似，仅是在数值要求方面存在差异，因此不再赘述。

以上是影响平面运动机构实验性能的相关技术指标，而对于一个实验仪器而言，实验性能指标是影响该仪器性能优劣的重要评判依据，但实验性能指标也并非是全部的性能指标要求，如实验环境因素、供电情况等均是实验仪器需考虑的性能指标要求，但这些指标根据环境不同、供电情况不同，其要求也不同，在此本书不再对平面运动机构的其他指标展开讲述。

平面运动机构是水下、水面航行器模型水动力实验中用到的重要仪器设备，它是操纵性水动力实验中必不可少的仪器，随着人们对于航行器操纵性研究的兴趣越来越浓烈，平面运动机构的发展与应用必然会受到越来越多的关注。

2.5　数据采集仪

数据采集仪指的是用于采集实验数据，并配合相关软件或自身将这些实验数据以文字或图像的形式显示出来的仪器，即采集测试元件直接输出的电信号，并将这些模拟电信号转化成数字电信号的仪器。数据采集仪是现代实验测试技术中最常用到的设备之一。

2.5.1　数据采集仪的发展与简介

数据采集仪最早出现于20世纪50年代的美国，其设计初衷是使非专业人员在不依靠相关测试文件的情况下能够高效自主地完成测试任务，这一时代的数据采集仪虽然具有了一定的灵活性和高效性，且能够完成一些传统的测试手段无法完成的数据采集任务，但是与现代的数据采集仪相比，其仅仅能实现一些简单的数据采集功能，几乎没有主动控制测试流程和数据处理的能力。直到20世纪70年代，随着电子技术的不断发展，出现了由采集器、仪表和计算机集成的数据采集仪，它对传统的数据采集设备的性能进行了多方面的改良，克服了传统数采设备的多种不足，使其性能远超传统设备，从而得到了广泛的应用。20世纪八九十年代，计算机的普及与应用再次推动了数据采集装备的快速发展与广泛应用，在这一时代出现了通用的数据采集与自动测试系统，这使数据采集仪的发展进入到了一个新的阶段，这一阶段中的数据采集仪主要可以分为两大类：一类是由采集器、仪器仪表、通用接口总线和计算机等构成的，如通用的数据采集系统等；另一类是由数据采集卡、标准总线和计算机等构成的，如NI板卡采集系统等。目前这两类数据采集装备仍被广泛应用。数据采集仪经过了数十年的发展，数代产品的经验积累已经具备了较成熟的技术体系和较丰富的产品类别，目前已广泛应用于工业制造、科学研究、航空、航海、航天等各个不同的领域当中。

在船舶与海洋工程结构物的模型水动力实验中，通用的数据采集仪和基于数据采集板卡的采集系统均可完成实验数据的采集任务，且二者的功能近乎完全重合，因此国内外的拖曳水池或循环水槽实验室中根据使用习惯至少配置一类数据采集装置。通用的数据采集仪的硬件装置通常是已经在采集仪的箱体内完成集成和安装，其软件系统通常是已经编辑并封装完善的，测试时仅需连接采集仪的电源线和采集仪与测试元件之间的数据传输线，并在采集器启动后调用软件系统完成相应数据采集即可。从描述中不难看出，这种类型的数据采集仪的优点是使用简单、方便，对操作人员的技术水平要求不高；但是它也有一些缺点，如所有硬件装置均集成在一个箱体内，必然会导致箱体的体积相对较大，因此测试时需有一个相对平稳的位置安放采集仪箱体，这导致该种类型的采集仪无法在相对狭小的采集空间内使用，同时编辑封装完善的软件系统在使用方便的同时也必然会带来功能应用的僵化，即对于某些软件系统支持的采集或处理功能应用起来较为简单、方便，但是对于某些软件系统不支持的采集或处理功能应用起来就会十分麻烦甚至是无法应用。而基于数据采集板卡的采集系统与通用的数据采集仪的特点刚好互补。数据采集板卡本身即是一块可以采集数据并对数据进行处理的核心板卡，这一类型的数据采集系统就是以这块核心板卡为基础，连接必要的电路，而后根据需要自编程序采集数据的系统，由于其硬件设备都是以模块为单元分开的，测试时需重新连接，且各模块都相对较小，因此它可以在狭小的测试区域实现数据采集。由于该种类型的采集系统的数据采集程序是根据测试要求自主编写的，其软件系统的适用性相对较强，可实现各种复杂的采集或处理功能；但是由于该种类型的数据采集系统在测试时需重新连接各模块，且需自主编写数据采集及处理程序，其缺点是使用时相对麻烦。在船舶与海洋工程结构物水动力实验中，这两类采集装置的功能是一样的，即采集实验数据，因此在实验时需根据实验条件及实验要求选择合适的数据采集装置以完成实验，而选择采集装置的原则是：在满足实验要求、保证实验能够顺利完成的前提下尽量选择使用简单、方便的仪器，这样能够尽量避免实验过程中由于实验仪器的复杂操作产生错误而导致的实验进度拖延和实验结果不准等情况的发生。

2.5.2　数据采集仪的功能与组成

1. 数据采集仪的功能组成

数据采集仪的目标功能是完成测试数据的采集、转化与处理，而若要实现这一最终目标功能则需多种单一功能进行支撑，如目标物理量信号采集、模拟信号处理、数字信号处理、开关信号处理、数据处理与计算、数据存储、人机交互和显示输出等功能。

(1)目标物理量信号采集。

该功能要求数据采集仪能够按照软件系统设定的采集要求，根据预设的数据采集周期，采集测试元件发出的模拟电信号。根据任务要求情况的不同，还可能对数字信号、脉冲信号和开关量信号等进行采集。

(2)模拟信号处理。

该功能是对采集仪所采集到的模拟电信号进行处理后得出电子计算机所能识别的数字信号。模拟电信号主要包括两大类，一类是电压信号，另一类是电流信号。无论是电压信号还是电流信号都是随时间连续的，即在一段时间内采集量是连续的，信号是不间断的。对于这些模拟电信号，计算机无法直接识别，因此需要经 A/D 转换器处理后输出为数字信号，然后输入到计算机中，再由计算机进行分析、判断、处理等操作。

(3)数字信号处理。

由 A/D 转换器中输出的，计算机系统可识别的数字信号是由有限长度的二进制字段组成的，每个字段都代表某个瞬时的信号量值，而这些代表信号量值的二进制字段在输入到计算机系统中后，为方便显示、输出和处理，需要在计算机中将其转化成 ASCII 码。由此可知数字信号处理功能即是将二进制代码转换成 ASCII 代码。

(4)开关信号处理。

在数据采集仪和测试系统中存在各种不同类型的开关，如按键开关、行程开关和光电开关等,开关信号处理功能的作用就是采集开关信号,并根据开关信号检测各个元器件的状态,同时判断状态的变化情况,并作出相应的反应。

(5)数据处理与计算。

利用数据采集仪采集到的测试元件的信号有时并不能直接反应目标物理量的真实值,因而通常需要对这些数据进行一定的数学运算处理,如求平均值、差值、最大值、最小值和变化率等,数据经处理后方能满足对不同实验数据采集的要求。如船舶与海洋工程结构物模型水动力实验领域内的船模阻力实验,舵的升、阻力实验等,由于测试时误差的存在,数据采集时存在一定的波动,因此这些实验均需对所采集的实验数据求取平均值;在船模耐波性实验中船模受力和响应情况会随着波浪产生周期性变化,因此在该实验中需对实验数据求最大值、最小值等以确定受力及响应的幅值,等等。

(6)数据存储。

这一功能的作用即是存储实验现场采集而来的测试数据,以方便日后的调用与参考。

(7)人机交互。

人机交互功能主要指的是操作人员能利用键盘、鼠标等外接输入设备将指令输入到数据采集仪中,使数据采集仪能够按照操作者的意图调用相关的软硬件条件以完成指定的测试任务的功能。

(8)显示与输出。

显示与输出功能主要是指能够以表格、分布图、模拟图、曲线图、其他相关图片或其他有效形式等将数据采集仪采集到的实验数据显示出来,以方便测试者了解数据情况,判断采集结果是否有效,同时还需能够将这些数据以各种不同的形式输出,以方便对测试结果的分析与应用。

2. 数据采集仪的基本构成

完整的数据采集系统主要由两部分构成,分别是硬件部分和软件部分。

(1)硬件部分。

数据采集仪的硬件部分的组成示意图如图 2－21 所示,主要可以分为两个模块,一个是模拟采集模块,另一个是数字采集模块。其中模拟采集模块主要采集来自于测试元件(传感器)的模拟电信号,数字采集模块主要采集开关信号或自带 A/D 转换功能的传感器所输出的信号等。

数据采集仪在测试现场会采集到不同传感器根据各种目标物理量的值所输出的模拟信号,但是这些模拟信号容易被外界干扰,因此需要经过滤波消除干扰后方才能够得到所需的信号。对于多通道数据采集仪而言,多个通道所采集的模电信号滤波完成后,需通过模拟多路开关将不同通道内传输的数据按照程序设计时的要求分时连接进入下一个流程中。由模拟多路开关传输出的信号强度与采集到的信号经滤波后的强度是近乎一致的,这个信号的强度通常是比较微弱的毫伏级甚至是微伏级,而 A/D 转换器的量程通常是伏级或以上,因此为充分利用 A/D 转换器的分辨率、减小信号转换过程中的误差,需用放大电路对所采集到的微弱模电信号进行放大,而后再传输到 A/D 转换器中进行信号转换;在利用A/D转换器对模拟信号进行转换时,从开始转换到最终输出数字信号的过程需要花费一定的时间,在这一时间段内，信号需要利用保持器来使其保持不变，以减小误差，保证转换精度。模拟信号经 A/D 转换器转换成数字信号后会传输到主控制器（处理器）内进行接下来的操作，如存储、显示、通信、处理、运算等。数字采集模块由于其所采集的数字信号不需要进行转换，可直接输入到计算机中进行下一步操作，因此其硬件组成相对较少，结构也相对简单。

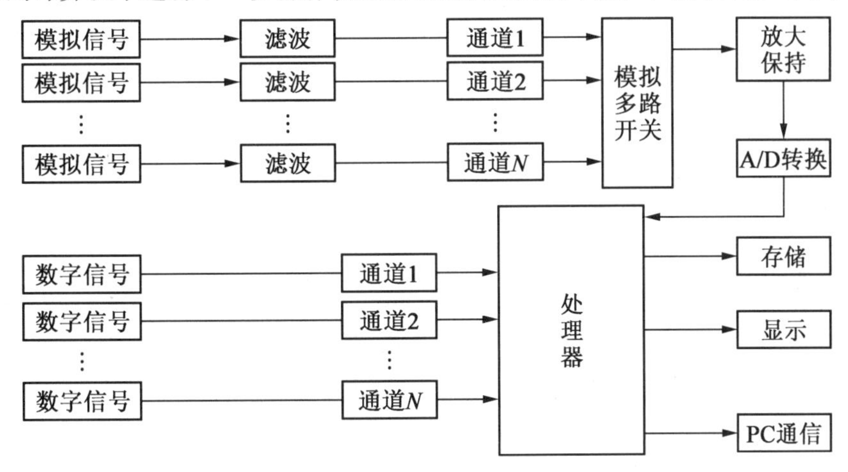

图 2－21　数据采集仪的硬件组成示意图

数据采集仪除需具有以上介绍的采集、信号转换、存储、显示、通信等硬件模块外，通常还需具有如：扩展芯片存储模块硬件以存储更多数据；人机交互模块硬件，如输入的键盘、鼠标等，输出的传真机、打印机等以更好地完成测试任务，更方便地利用采集数据，等等。

（2）软件部分。

数据采集仪若要正常工作，除需具备正常的硬件配置外还需具有完善的软件系统，以在不同的测试条件、测试要求的情况下调用不同的软硬件配置来完成不同的测试任务。通常，数据采集仪的软件系统是由主程序模块、模拟量采集模块、数字量采集模块、开关量采集模块、脉冲信号处理模块、通信模块和人机交互模块等功能模块组成的。

主程序模块的作用是协调各功能模块，使它们能够被正确调用，以保证数据采集仪的有效运行；模拟量采集模块的作用是对模拟信号进行采集、转换、处理、计算及存储；数字量采集模块的作用是对数字信号进行采集、处理、计算及存储；开关量采集模块的作用主要是对开关信号和中断信号的采集和处理；脉冲信号处理模块的作用主要是对所采集的脉冲信号进行电平高低的判断和计数处理；通信模块的作用主要是处理下位机与上位机之间、上位机与计算机之间的通信，设置合理波特率、处理标志位和握手条件等；人机交互模块中主要包含键盘、鼠标等的数据输入处理软件，它们的主要作用是识别输入信息，并反馈给主程序模块，由主程序模块根据输入的信息调动采集仪的软硬件设施完成下一步操作；LCD、LED 等的数据显示处理软件，它们的主要作用是处理由其他模块传输过来的数据，并根据要求将这些数据以合适的形式显示出来；打印输出处理软件，它的主要作用是控制外接设备根据指令处理数据的输出及打印信息等。数据采集仪的这些软件模块之间分工明确，大部分功能互相独立，在采集数据时由主程序协调使各模块之间相互联系，以共同完成数据采集任务。

2.5.3 数据采集仪的性能指标介绍

数据采集仪的技术指标有很多,如测试环境方面的技术要求有工作温度范围、工作湿度范围、工作环境振动频率、振动幅值范围等;供电方面的技术要求有直流供电、交流供电或同时具备两种供电模式等;外接计算机方面的硬件配置要求和软件系统要求等以及采集仪自身采集性能的指标如通道数目、输入方式、A/D 转换器分辨率、采样频率、满度值、满度值误差、线性度等等。本节将主要对数据采集仪自身的部分性能指标及这些性能指标对于测试任务的影响进行介绍。

(1)通道数目。

通道数目指的是数据采集仪可外接传感器的通道个数,它在测试时主要影响单次数据采集时所测量物理量的种类以及测试点的个数。如通道数越多的数据采集仪单次测量可连接的传感器个数也越多,相应的能够连接传感器的种类也越多。如在某采集任务中有 8 个测试点,每个测试点需测量 4 个物理量,那么用双通道数据采集仪则至少需进行 16 次测量才能把所有测试点所需测量的物理量全部测完,且在测试的过程中还需更换测量传感器;若采用四通道数据采集仪,则最少需 8 次测量就可完成这一测试,且若每次测量一个测点的 4 个物理量,在测试的过程中不需要更换传感器;若采用八通道数据采集仪,则最少仅需 4 次即可完成测试任务,依次类推。从这可以看出,数据采集仪的通道数目越多,其完成采集任务的效率就越高。目前,通用的数据采集仪的通道数目大多是双通道、四通道、八通道、十六通道、二十四通道、三十二通道、四十八通道、六十四通道、一百二十八通道和二百五十六通道的,其他通道数目的数据采集仪也是可以根据需求设计并制作的,但是通用的成品数据采集仪大部分是以上介绍的通道数目。

多通道数据采集仪可分为同步数据采集和非同步数据采集。同步数据采集指的是各通道之间数据采集和处理都是同步进行的,各通道之间的信号没有时间差,同步数据采集仪的硬件组成示意图如图 2-22(a)所示。非同步数据采集仪指的是不同通道所采集的数据之间存在一个时间差,非同步数据采集仪的硬件组成示意图如图 2-22(b)所示。由图2-22 可知,同步数据采集仪中由于其每个通道均有一个保持器和 A/D 转换器,这使得每个通道所采集的模拟信号能够及时被转换为数字信号以传输到主控制器中进行下一步运算;而对于非同步数据采集仪而言,不同通道内的模拟信号是通过模拟多路开关依次传输到保持器和 A/D 转换器中转换为数字信号后传输到主控制器内进行下一步运算的,这一过程中由于利用 A/D 转换器将模拟信号转换为数字信号需要一定的时间,而保持器和 A/D 转换器每次只能为一个通道进行信号转换,因此不同通道传输到主控制器内的数字信号之间存在时间差 Nt_0,t_0 即是 A/D 转换器将模拟信号转换为数字信号的时间。对于非同步数据采集仪而言,通道数目对于切换开关传输被测信号精度和切换速度有直接影响,且通道数目越多,寄生电容和泄漏电流越大,通道间的干扰也越大。

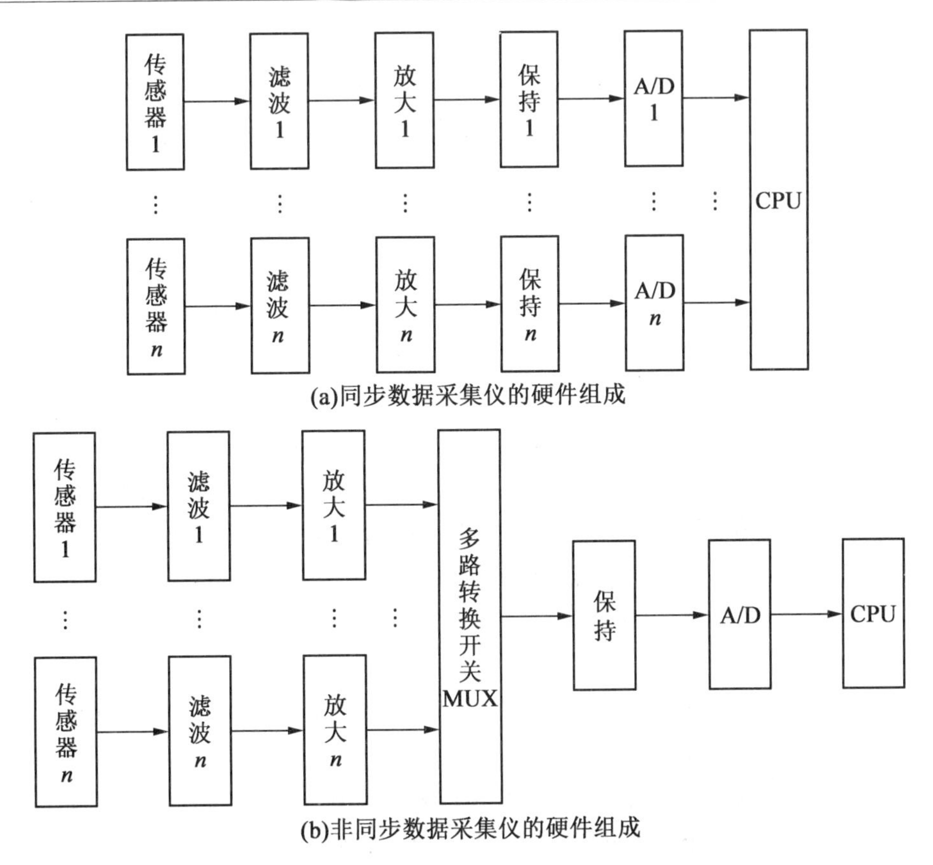

图 2-22 同步与非同步数据采集仪的硬件组成

(2)输入方式。

数据采集仪的输入方式主要指的是 A/D 转换器的模拟信号输入方式,而输入到 A/D 转换器中的模拟信号主要是通过信号电压体现的。根据信号电压输入的电极个数,输入方式可分为差分输入和单端输入两大类。

差分输入指输入信号端口的(+)、(-)两极均与 A/D 转换电路或放大电路相连,其用于信号转换的模拟电压即是输入信号端口(+)、(-)两极的电势差。由于输入信号端口的(+)、(-)两极电势可能会随着测试过程而产生浮动,且最终输入到 A/D 转换电路中进行转换的电压信号是根据两极电势之差得到的,因此这种输入方式又称为差动输入。

单端输入指的是输入信号端只有一极与 A/D 转换电路或放大电路相连,由于电压是两点之间的电势差,输入信号端的一极接入下一步电路中算是一点的电势,而另一点的电势则是由一个固定的参考电势提供,由此可知最终传输到 A/D 转换电路中进行转换的模拟电压是信号输入端一极的电势和参考电势之差。根据是否参考接地信号,单端输入方式又分为参考地单端输入和无参考地单端输入两种方式,其中参考地单端输入指的是以接地端电势作为参考电势的输入方式;无参考地单端输入指的是以设备内部的一个公共参考端的电势作为参考电势的输入方式。在实际测试的过程中,需根据不同的测试要求选择合理的输入方式。

(3)A/D 转换器分辨率。

A/D 转换器的分辨率指的是数字量变化一个相邻数码所需输入模拟电压的变化量,它的值是满量程电压与二进制数码代表的 2^n 之比,即 A/D 转换器的分辨率计算公式为

$$U_i = \frac{U_0}{2^n} \tag{2-30}$$

式中,U_0 为 A/D 转换器的满量程电压;n 为 A/D 转换器所能识别或转换数字信号的位数,n 值越大表示 A/D 转换器对于满量程电压的分层越细,其量化误差越小,分辨率也就相应越高,如某 A/D 转换器可输入模拟电压的变化范围是 0 ~ 5 V,那么它的满量程电压即是5 V,若其数字量输出系统是 8 位的,则它的分辨率是 20 mV,若其数字量输出系统是 10 位的,则它的分辨率是 5 mV,若其数字量输出系统是 12 位的,则它的分辨率是 1.2 mV……从这个例子中可以更直观地看出 n 的值越大,其对应的分辨率误差将会越小,其精度将会越高。

随着电子技术的不断发展,应用于数据采集仪中的 A/D 转换器的数字量输出系统位数也在不断增加,这也使得 A/D 转换器的分辨率在不断地提高,目前通用数据采集仪中所用到的 A/D 转换器的数字量输出系统数位大多是 8 位、12 位、16 位、24 位、32 位等。

(4)采样频率。

采样频率 F 指的是数据采集仪单位时间内所能采集的信号点的个数。在前面已经介绍过,数据采集仪所采集的模拟信号(模拟电压、模拟电流)随时间连续,而对于一个随时间连续的物理量而言目前的技术无法采集到它任意时刻 t 的值,无论采集点的数目多么密集,在两个采集点之间总是有一个时间间隔 Δt,且 $\Delta t = 1/F$,因此数据采集仪在工作时所采集的数据是 $t_0 + N\Delta t$ 时刻的数据,这里 t_0 指的是开始采集的初始时刻,N 指的是数据采集结果随时间的编号。不难看出,单位时间内采集的信号数量越多,$t_0 + N\Delta t$ 的时刻数也越多,对于原始信号信息的描述也越准确。下面以采集 4 Hz 的正弦曲线信号为例对采样频率进行简单的介绍。图 2-23(a)中是以采样频率 2 Hz、4 Hz、8 Hz、11Hz 分别对原始信号——4 Hz 正弦曲线进行数据采集,并将所采集的数据标于图中原始信号曲线内,由该图可以看出当采样频率为 2 Hz、4 Hz、8 Hz 时,所采集的信号值均为 0,因此根据其所采集的信号值进行曲线拟合时会得到一条和横轴(时间轴)重合的直线;而当采样频率为 11 Hz 时,其所采集的数据分布曲线上且在曲线的每一段走势内均能够有至少一个测量点分布其上。同时根据图 2-23(b)也可以看出,当采样频率为 11 Hz(约 2.56 倍原始信号频率)时,根据采集到的信号点拟合出的曲线与原始信号曲线走势基本一致,但是差别较大;当采样频率为 20 Hz 时,根据采集到的信号点拟合出的曲线与原始信号曲线重合度较高,但是还能够看出明显的差别;而当采样频率为 40 Hz 时,根据采集到的信号点拟合出的曲线与原始信号曲线重合度进一步提高,几乎没有较明显的差别,仅在信号的峰谷值处存在着细微的差别。

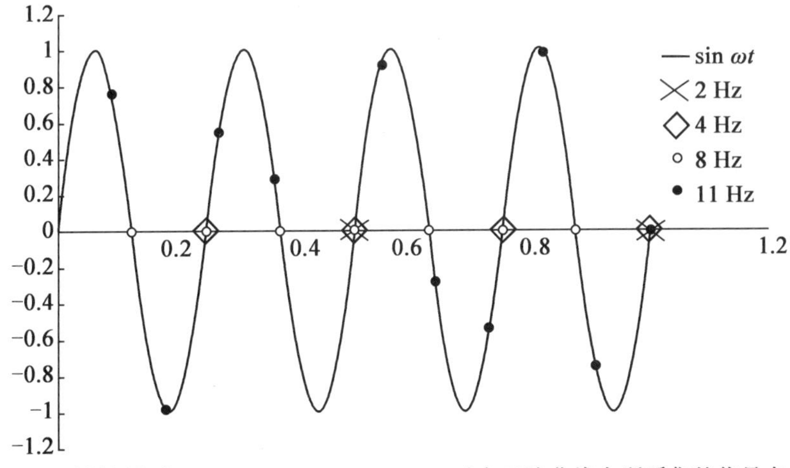

(a)采样频率为2 Hz、4 Hz、8 Hz、11 Hz时在正弦曲线上所采集的信号点

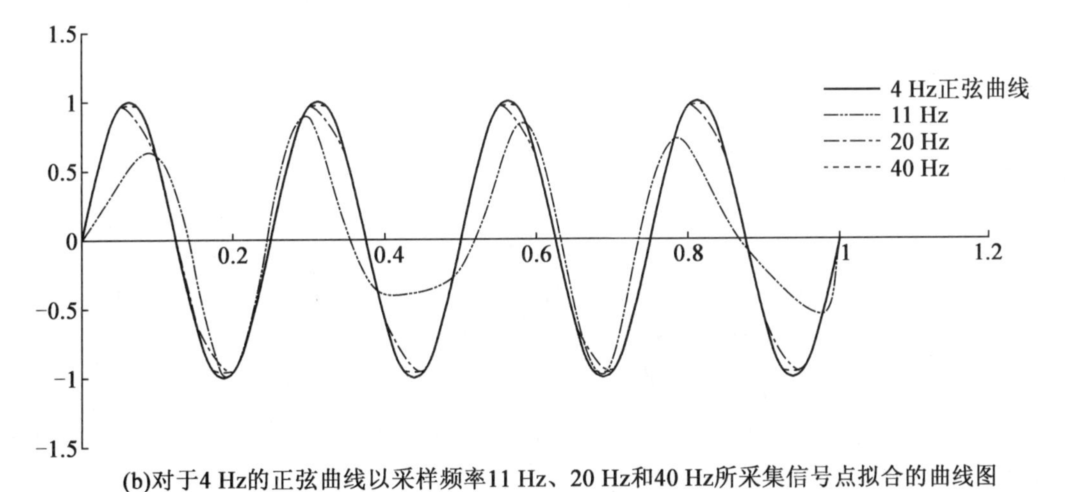

(b)对于4 Hz的正弦曲线以采样频率11 Hz、20 Hz和40 Hz所采集信号点拟合的曲线图

图 2-23　以 4 Hz 样条曲线分析采样频率对信号采集的影响

从以上对于采样频率的分析可以看出，采样频率越高采集到的信号拟合后的效果与原始信号越接近，所呈现出的原始信号要素越精确；而当采样频率较低时，其所采集到的信号不足以拟合出原始信号的所有信息，使原始信号严重失真而不能使用。根据奈奎斯特采样定律可知，采样频率需是原始信号频率的 2.56 倍以上才能保证原始信号的信息完整性。

从以上介绍也可以看出，采样频率是衡量数据采集仪性能优劣的一个重要指标，在实际实验时要根据实验要求选择合理的采样频率，因为虽然采样频率越高其采集到的信号信息越精确，但是采样频率过高也会造成对计算机等硬件性能要求的提高，影响实验成本和效率，故而在实际实验中需选择合理的采样频率，在保证满足实验信号采集精度的前提下降低实验成本、提高实验效率。

数据采集仪是现代测试技术中最常用到的实验仪器之一，也是船舶与海洋工程水动力实验中必备的测试仪器之一，在多种水动力实验中均会用到数据采集仪，故了解并掌握数据采集仪的原理及使用方法对于船舶与海洋工程结构物水动力性能的研究及其他科学研究等均是十分有必要的。

2.6　粒子图像测速技术

粒子图像测速(Particle Image Velocimetry,PIV)技术指的是采用高速摄像技术,通过多次摄像以记录流场中粒子的位置,并通过分析摄得的图像,测出流动速度的方法。粒子图像测速技术不是一个简单的硬件仪器设备,它是通过软硬件的精妙结合来测量流场中速度信息的一种技术手段,也可以说它整体是一套用以测量流场速度信息的装置,因此在本章中进行介绍。

2.6.1　粒子图像测速(PIV)技术的发展与简介

粒子图像测速技术的思想理念最早源自于固体应变位移测量的散斑技术,将该技术的理念、原理和方法等引入到流场测量后,最终发展成为用于流体测量的粒子图像测速技术(简称 PIV 技术,下同)。目前,人们通常认为 PIV 技术是 20 世纪 80 年代在充分吸收了现代计算机技术、光学技术、图像采集与处理技术等多种技术成果后发展起来的一种全场、无干扰、瞬态的流速测量技术。其基本原理是在流场中撒入示踪粒子,以粒子速度代表其所在流场内相应位置处流体的运动速度,用强光(片形光束)照射流场中的一个测试平面,用成像的方法配合现代图像采集技术记录下两次或多次曝光的粒子位置,用图像分析技术和现代计算机技术配合相应算法得到各点粒子的位移,由此位移和曝光的时间间隔可得到流场中各点的流速矢量,并计算其他相应的运动参数量(包括流场速度矢量图、速度分量图、流线图、旋度图等)。PIV 技术不仅能够显示流场流动的物理形态,同时它也能够提供流体全场、瞬时的流动定量信息,实现流动可视化研究从定性到定量的飞跃。

PIV 技术作为 20 世纪 80 年代发展起来的一种流速测量技术,其较早期的流速测量技术而言优势明显,如相较于 LDV 技术测量等方式而言,其突破了空间单点测量的局限性,实现了全流场的瞬态测量;较毕托管或 HWFV 等仪器测量流速而言,其避免了仪器对流场的干扰,实现了无干扰流速测量;同时相较于其他绝大多数流速测量方式而言,由于 PIV 技术得到的是全场的速度信息,因此可以方便地运用流体力学方程求解出流场的其他物理量,如压力场、涡量场等。同时,PIV 技术作为新近发展出的一种流场流速测量技术,虽然经过了数十年的发展已经具有了相对成熟的技术体系,但是其缺点也是十分明显的。例如 PIV 技术目前在二维流场内的速度测量相对比较准确,但是在三维流场测量中尤其是切面法向方向上的速度测量误差较大,还有待进一步的改善;PIV 技术在两相或多相流体间的流场测量中存在着较多的困难,目前仅能实现较为简单的两相低速流动测量,难以完成复杂的两相或多相流动测量等。鉴于 PIV 技术目前存在的这些问题和流场研究中的实际需求,不难看出其接下来的发展方向将主要是解决 PIV 技术在三维流场、复杂两相流或多相流以及微型流场中的应用,同时更好地完善二维流场流速测量技术。

2.6.2　粒子图像测速(PIV)技术的主要构成

PIV 技术系统是融合现代计算机技术、光学技术、图像采集与处理技术后发展起来的一种新兴流场流速测量技术,它的主要构成分为硬件和软件两部分。从其用到的技术不难看出,PIV 系统的主要硬件设备有高速摄像机、激光发射器以及光学系统、同步单元和高性能电子计算机等。各类硬件的功能也相对明确:高速摄像机主要是用来拍摄随流场运动的示踪粒子在不同时刻时的位置,即确定示踪粒子在 t 和 $t + \Delta t$ 时刻时的位置,以确定示踪粒子的运动方向和运动速度,并以此表征其所在流场位置处的瞬时速度;激光发射器和光学系统的作用是使示踪粒子图像能够更好、更清晰地投影到摄影平面上,以方便计算示踪粒子的瞬时速度,同时减小数据处理过程中的误差;同步单元的主要作用是将高速摄像机捕捉到的流场示踪粒子的实时位置图片同步传输至高性能电子计算机中,为后续分析软件处理提供原始信息;高性能电子计算机的作用主要是承载软件,并以此软件完成图像处理和流场信息计算等任务,因此 PIV 系统硬件中的电子计算机应具有高性能显卡以满足图像处理的要求,同时也应具有相对较高运算能力以满足流场信息计算的要求。

PIV 系统中的软件主要包含图像信息传输、速度信息获取以及速度矢量显示等模块。其中图像信息传输模块的作用是将高速摄像机捕捉到的不同时刻时示踪粒子的分布位置图及时、准确地传输到电子计算机中以供软件下一步调用、分析;速度信息获取模块就是计算出粒子的运动速度矢量分布,其本质即是图像处理技术的一部分,即对高速相机捕捉到的原始图片进行标定、滤波等预处理后,通过算法得出粒子在两次曝光时间间隔段内的位移,并据此位移和时间间隔 Δt 计算出粒子随流场运动时的速度大小和方向;速度矢量显示模块指的是将示踪粒子所代表流场位置处的速度大小及方向显示出来以供分析、研究使用,它是一个单纯的图像处理模块,即运用图像处理技术将从速度信息获取模块中得到的速度矢量信息在一张图片中显示出来,这方面的技术相对比较成熟,其方法也相对较多,在此不再赘述。在 PIV 系统的软件中,速度信息获取模块是软件的核心算法模块,因此人们在这方面的研究也相对较多,同时也提出了多种适用性较强的算法,如轨迹法、杨氏条纹法、灰度分布图像相关法、粒子分布图像相关法、弹性模型法、速度梯度张量法以及粒子轨迹追踪法等,这些算法的适用范围不尽相同且各具特点,目前仍被人们所广泛采用。

2.6.3　PIV 系统的主要技术性能指标

任何实验设备在使用前均需提前了解其性能指标以确定其是否满足实验的要求,PIV 系统作为一种软硬件结合的专用实验设备,对其性能指标的要求也相对更加复杂一些,下面简单介绍 PIV 系统应该主要关注的一些技术性能指标。

PIV 系统的技术性能指标需要从其系统组成开始进行介绍。通过上一小节可知,PIV 系统主要由激光发射器、光学系统(即片光源组件)、高速摄像机(即 PIV 图像记录系统)、同步单元、高性能电子计算机和分析软件等组成。由于 PIV 系统各部分组件的基础功能相互独立,在实际应用时它们又相互协调形成一个整体,因此了解 PIV 系统的技术性能指标时需要对其整体性能和各组件模块的基础性能同时进行了解。

PIV 系统的整体指标相对比较简单，主要是描述流场测试的范围和精度，如测速范围、测速精度、测速维度和测量面积等。其中测速范围指的是 PIV 系统所能测量流场中的流体运动速度范围。测速精度指的是 PIV 系统测量流场中流体流速时的精度。测速维度指的是 PIV 系统所能测量流场中流体运动的位移矢量和速度矢量的维度，如，对于二维 PIV 系统——2D2C 系统而言，其测速维度即是：x、y、U、V；对于三维 PIV 系统——2D3C 系统而言，其测速维度即是 x、y、U、V、W。测量面积指的是 PIV 系统中高速摄像机所能曝光区域的切面面积，即 PIV 系统所能测量流场流速信息的切面面积。

PIV 系统的主要技术性能指标中，对其整体性能指标要求相对较少，但对其各组件的性能指标要求较其他大多数设备而言却多很多，这也是 PIV 系统技术性能指标分析的一个显著的特点。各组件中激光发射器的性能指标主要有激光脉冲能量值、激光波长和频率、激光光束直径、能量不稳定度（或能量稳定度）以及激光脉冲时间宽度等方面的要求；光学系统的性能指标主要有片光源的厚度及其可调范围、聚焦范围、发散张角、导光臂的长度及其角度调节范围等方面的要求；高速摄像机（即 PIV 图像记录系统）的性能指标主要有相机分辨率、像素尺寸大小、最大动态显示范围、最大全幅拍摄频率、最小跨帧时间、相机数据传输接口、微距镜头型号和性能以及高性能滤光片的带宽和口径等方面的要求；同步单元的性能指标主要有通道数量、接口类型、与电子计算机的接口方式、控制激光发射器和高速相机的能力、输出阻抗和输出电平的情况、模拟信号采集端口的采集频率和采集物理量以及同步软件等方面的要求；PIV 系统中的高性能电子计算机的性能指标主要有处理器、内存、系统硬盘、存储硬盘空间大小、显卡、显示器以及软件配套操作系统等方面的要求；分析软件的性能指标主要包含软件运行平台、硬件监测、图像采集、数据管理、控制方式、数据存储方式、图像连续采集方式、图像预处理功能、图像拼接处理和运算功能、图像实时显示功能、图像优化修正、图像批处理、错误向量修正、高级验证、速度矢量计算迭代算法、速度矢量拟合算法、粒子浓度和跨帧计算能力、不确定性分析以及后处理软件接口等方面的要求。这些即是 PIV 系统各部分组件的主要性能指标要求内容，具体不再展开解释，可根据要求内容自行了解。

2.7 自航动力仪

在船舶设计的过程中，船舶阻力性能和螺旋桨动力特性可分别根据船模阻力实验和螺旋桨敞水实验获得，船体与螺旋桨之间的相互作用、相互影响的性能需利用自航实验来确定，自航动力仪是船模进行自航实验时用到的主要实验仪器之一。关于船模的自航实验，人们现在普遍认为包含两大类，第一类是在拖曳水池或循环水槽中完成的船模自航实验，主要用于测量船机桨匹配后的伴流分数和推力减额分数，它是船舶快速性研究中较为常用的一个实验；第二类是在开阔水域（外场水域）中完成的船模自航回转实验和船模自航 Z 型实验，这两个实验人们现在普遍称之为自航实验，它们是研究船舶操纵性时常用到的实验。本节中介绍的自航动力仪是完成第一类自航实验用到的仪器，下面描述的船模自航实验均是指第一类自航实验。

2.7.1　船模自航实验简介

船模自航动力仪是完成船模自航实验最主要的仪器设备，它是根据船模自航实验的需求设计并制作出的一种仪器设备，因此了解船模自航动力仪前需对船模自航实验有一定的了解才能够更好地理解这一设备的原理、功能及其主要作用。

船模自航实验通常是在船模阻力实验和螺旋桨敞水实验完成后进行的，据此可更好地分析推进效率的各种成分。进行船模自航实验的目的主要有两点：一是预估实船性能，即给出主机马力、转速和船速之间的关系，预估实船航速，验证其是否满足设计任务书中的要求；二是判断螺旋桨、主机和船体之间的配合是否良好。对于第一个实验目的而言，主要是测量船模的主机输出马力、转速和船速之间的关系，而后根据相似关系推导出实船主机马力、转速和航速之间的关系曲线；对于第二个实验目的而言，主要是测量船模的航速 V_m、船模后螺旋桨的推力 T_m 和转矩 Q_m 以及船模的阻力值 R_m，并以此计算出船模的伴流分数 ω_m 和推力减额系数 t_m（也可根据相似关系换算成实船数据计算），而后根据伴流分数和推力减额系数分析螺旋桨、主机和船体之间的配合是否良好。

在船模自航实验时用到的相似准则主要有几何相似、进速系数相似和弗劳德相似（因为无法同时满足雷诺相似和弗劳德相似），且实验时的雷诺数需要超过临界数值。根据这些相似准则公式推导可得

$$T_s = T_m \frac{\rho_s}{\rho_m} \lambda^3 \tag{2-31}$$

式中，T_s 为实船推力；ρ_s 为实船航行水域中水的密度；ρ_m 为实验水域中水的密度；λ 为缩尺比。

实船推力与船模推力的比值与 λ 的三次方成正比，而推力、阻力和推力减额系数之间有以下关系式：

$$\begin{cases} T_s(1-t_s) = R_s \\ T_m(1-t_m) = R_m \end{cases} \tag{2-32}$$

式中，t_s 和 t_m 分别为实船和船模的推力减额系数；R_s 为实船阻力。

若假设推力减额系数不受尺度效应的影响，即 $t_s = t_m$，则由式（2-31）和式（2-32）可知实船阻力与船模阻力之比也应与缩尺比 λ 的三次方成正比。根据船模阻力与实船阻力的换算关系（可参考 4.1 节内容），可得出实船的阻力值为

$$\begin{aligned} R_s &= \left(\frac{R_m}{\frac{1}{2}\rho_m V_m^2 S_m} - C_{fm} + C_{fs} \right) \cdot \frac{1}{2}\rho_s V_s^2 S_s \\ &= R_m \frac{\rho_s}{\rho_m} \left(\frac{V_s}{V_m} \right)^2 \frac{S_s}{S_m} + (C_{fs} - C_{fm} + \Delta C_f) \cdot \frac{1}{2}\rho_s V_s^2 S_s \end{aligned} \tag{2-33}$$

式中，R_s 为实船阻力值；S_s 和 S_m 分别为实船和船模的湿表面积；C_{fs} 和 C_{fm} 分别为实船和船模的摩擦阻力系数；ΔC_f 为摩擦阻力系数的修正值。

以上换算公式中，由于模型实验满足弗劳德相似，因此 $\left(\frac{V_s}{V_m}\right)^2 = \frac{L_s}{L_m} = \lambda$，而 $\frac{S_s}{S_m} = \lambda^2$，故式

(2－33)亦可写成

$$R_s = R_m \frac{\rho_s}{\rho_m}\lambda^3 + (C_{fs} - C_{fm} + \Delta C_f) \cdot \frac{1}{2}\rho_s V_s^2 S_s \tag{2-34}$$

式中,L_s 为实船长;L_m 为船模长。

式(2－34)中$(C_{fs} - C_{fm} + \Delta C_f) \cdot \frac{1}{2}\rho_s V_s^2 S_s$ 与 λ^3 之间并非正比关系,因此实船阻力与船模阻力之间的比值不与缩尺比 λ 的三次方成正比,即

$$R_s \neq R_m \frac{\rho_s}{\rho_m}\lambda^3$$

但是从式(2－34)中可以看出,R_s 与 R_m 的比值与 λ 的三次方之间不存在正比关系主要是受到摩擦阻力项的影响,因此若强行将摩擦阻力项凑成一个与 λ 的三次方成正比的关系式则有(即在数值上将不同 V_m 时的摩擦阻力相关系数列入公式,并得出使之成立的合理 F_D 值)

$$(C_{fs} - C_{fm} + \Delta C_f) \cdot \frac{1}{2}\rho_s V_s^2 S_s = -F_D \cdot \frac{\rho_s}{\rho_m}\lambda^3 \tag{2-35}$$

将上式代入式(2－34)中可得

$$R_s = R_m \cdot \frac{\rho_s}{\rho_m}\lambda^3 - F_D \cdot \frac{\rho_s}{\rho_m}\lambda^3 = (R_m - F_D) \cdot \frac{\rho_s}{\rho_m}\lambda^3 \tag{2-36}$$

从式(2－36)中可以看出,R_s 与$(R_m - F_D)$的比值与 λ^3 成正比,结合以上分析可知,对于不同模型航速 V_m 时 F_D 的值是不同的,且 F_D 仅与船模与实船阻力转换过程中的摩擦阻力项有关,因此在自航实验中 F_D 又被称为摩擦阻力修正值,根据式(2－32)可知:

$$\begin{cases} T_s = \dfrac{R_s}{1-t_s} = \dfrac{R_m - F_D}{1-t_s} \cdot \dfrac{\rho_s}{\rho_m}\lambda^3 \\ T_m = \dfrac{R_m}{1-t_m} \end{cases} \tag{2-37}$$

根据式(2－37)结合式(2－31)可知,假设自航实验中螺旋桨模型发出的推力 T_{m_1} 对应实桨推力 T_{s_1},船模阻力 R_{m_1} 对应实船阻力 R_{s_1},则实验过程中模型桨发出的推力 T_{m_1} 克服船模阻力 R_{m_1} 运动时的工况并不能有效地反映出实桨发出推力 T_{s_1} 克服实船阻力 R_{s_1} 时的运动状态,而模型桨发出推力 T_{m_1} 在仅克服阻力$(R_{m_1} - F_{D_1})$时的运动状态却能够较为有效地反映出实桨发出推力 T_{s_1} 克服实船阻力 R_{s_1} 运动时的状态,故而$(R_m - F_D)$又称为实船自航点。

目前船模自航实验主要有强制自航法和纯粹自航法两种形式,其中强制自航法指的是船模在桨模推力 T 和强制力 F 的共同作用下进行自航运动实验的方法,纯粹自航法指的是事先在船模上扣除船模速度为 V_m 时的摩擦阻力修正值 F_D,而后在实验中调节桨模转速,使其发出的推力 T_m 恰好能克服阻力值$(R_m - F_D)$以保持船模速度与拖车速度 V_m 相等,从而使船模进行自航运动实验的方法。进行船模自航实验时,无论选用哪种方法均需提前得到实船自航点$(R_m - F_D)$或摩擦阻力修正值 F_D 的值。

2.7.2　自航动力仪原理简介

了解了前面介绍的船模阻力仪和敞水动力仪之后,再理解船模自航动力仪的结构和工

作原理等相关内容将会有事半功倍的效果。船模自航动力仪的结构布置原理图如图 2-24 所示，它主要是由船模阻力仪的核心测量部件（图中部件 1）和敞水动力仪的核心动力组件（图中部件 2）构成。

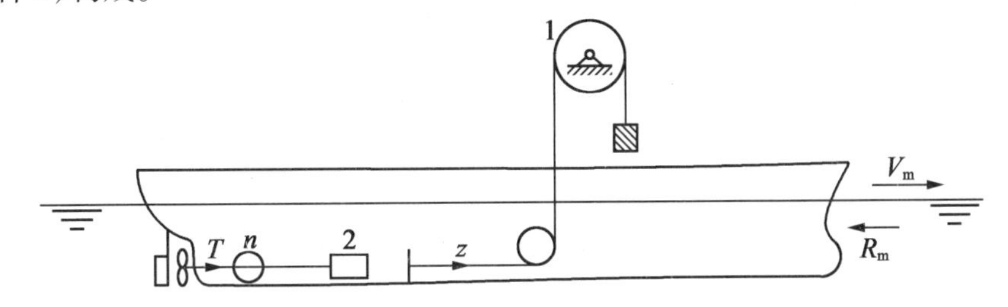

图 2-24　船模自航动力仪结构布置原理图

根据上一小节中对船模自航实验的简单介绍可知，实验中需要测量的物理量主要有桨模转速 n_m、推力 T_m、扭矩 Q_m 以及船模航速 V_m 等。在这些被测物理量中船模航速 V_m 可通过船模上安装的速度传感器测得，同时船模航速达到 V_m 的前提条件应是桨模发出的推力 T_m 克服阻力（$R_m - F_D$）后发生的，而非是克服阻力 R_m 后发生的，如此才能够更加有效地反映出实船的自航运动性能，上图自航动力仪中的部件 1 是实现桨模发出推力 T_m 克服阻力（$R_m - F_D$）的重要构件。部件 1 的结构由两个定滑轮和穿过滑轮的钢丝线组成，钢丝线的一段与船体相连，且连接点到底部滑轮的钢丝线与船底基线平行，钢丝线的另一端与砝码盘相连，且穿过顶部滑轮与砝码盘相连的钢丝线与水平面垂直，如此当在砝码盘中放置重量为 F 的重物时，船模便会受到一个向前的拖拽力 F，而在船模自航运动的过程中这个拖拽力的方向与船模阻力方向相反，因此它会抵消一部分船模阻力，使得螺旋桨发出的推力仅需克服 $R - F$ 即可达到相应的航速 V，即船模自航运动时，其受力情况为

$$T_m(1 - t_m) + F = R_m \tag{2-38}$$

式中，T_m 为桨模推力；t_m 为推力减额系数；F 为钢丝线的拖拽力（即砝码盘中的重物重力）；R_m 为船模航速为 V_m 时的阻力。

以上部件 1 解决了船模自航实验中桨模推力需要克服的阻力是（$R_m - F_D$）而非 R_m 的问题，在船模自航实验中还有为船模提供动力并测量桨模转速 n_m、推力 T_m 和扭矩 Q_m 等物理量的问题，自航动力仪中的部件 2 是解决这一问题、实现完整船模自航实验的组件。在图 2-24 中自航动力仪的部件 2 与螺旋桨敞水动力仪中的核心动力模块基本一致，且其测量的物理量也完全相同，它的主要作用是为船模提供动力（即推力），同时测量桨模的输出转速、推力和扭矩结果，以结合船模航速及摩擦阻力修正值分析实船的自航运动性能以及船-机-桨匹配的优劣（可结合参考 2.3 节）。

以上是船模自航动力仪的简介，它是根据实验要求，结合相应的机械结构、传动结构及电测方法等相关知识巧妙设计的一种专用实验仪器。

第3章　船舶水动力相关的基础流体力学实验方案

循环水槽的基础流体力学实验主要指的是利用流体流动的基本性质或机理研究或验证其相关性能的实验，如毕托管流速测量实验等，还包括利用简易几何模型研究流动流体与物质或形状之间的相互作用性能或机理的实验，如平板阻力实验、圆柱绕流实验等。基础流体力学实验在船海、车辆、航空航天、给排水、热工等多个领域的学习和研究中均可应用，本书基于船舶领域水动力研究这一方面编制，因此将主要探讨能够在船舶水动力实验设施循环水槽中完成的基础流体力学实验及相关的内容和方案。

3.1　毕托管流速测量实验

毕托管流速测量由于其结构简单、造价低廉，并且其精度能够满足大多数实验的要求，是实验室中常用的流速测量方法之一。实验根据伯努力原理设计，依托循环水槽完成，实验时调节动力段电机转速，测量实验段在不同电机转速时的流速。

3.1.1　实验目的

(1)理解皮托管流速测量的原理，加深对于伯努利方程理解，并能熟练运用伯努力方程的原理解决各类问题。

(2)了解循环水槽的工作原理及功能，并能根据循环水槽的原理和功能设计与之相关的实验。

(3)掌握皮托管流速测量的方法，掌握管路连接的方法，掌握压力读取的方法。

(4)培养实验者的工程素养和实践精神。

3.1.2　实验所用到的仪器设备

本实验所用到的仪器设备及材料主要有：循环水槽、毕托管、U 型管支撑架、U 型管、橡胶软管和直尺等。

3.1.3　实验原理

毕托管流速测量的原理示意图如图 3－1 所示，其中毕托管的结构为拐角型，即 L 型，常见的毕托管结构还有靠背型，即 S 型，无论 L 型还是 S 型毕托管均可用来完成流速测量实验，在此以 L 型毕托管结构对本实验进行介绍。图中的 L 型毕托管是由内外两个同心管路组成的，其中内部管路的管壁完全封闭，外部管路其前端封闭，在管壁外侧近前端口处开有小孔使得流体能够沿小孔进入。实验时将外管路封闭的一端置于水中，底部管路与水流的流向平行，并且内管路的端口与来流方向相对。L 型毕托管另一端的内外管路分别用橡胶软管与 U 型管的两侧相连接，由于内部管路底部走向与水流方向平行，且端口与来流方向相对，因此水流不仅能够通过水中静压力将水压入内管中，同时能够借助水流流速产生的动压力使水冲入到内管中，由此可知内管中的压力是包括静压力和动压力的总压力。外管由于其前端封闭、管壁开孔，流体只能从管壁上的开孔处进入到管内，使得外管的入水方向与水流方向垂直，因此在外管的入水方向处水流的动压力为 0，水体只能通过静压力将水压入到外管内，从这可以看出外管仅能测量水体在此处的静压力。根据内管测量的总压力值减去外管测量的静压力值即是水流的动压力值。

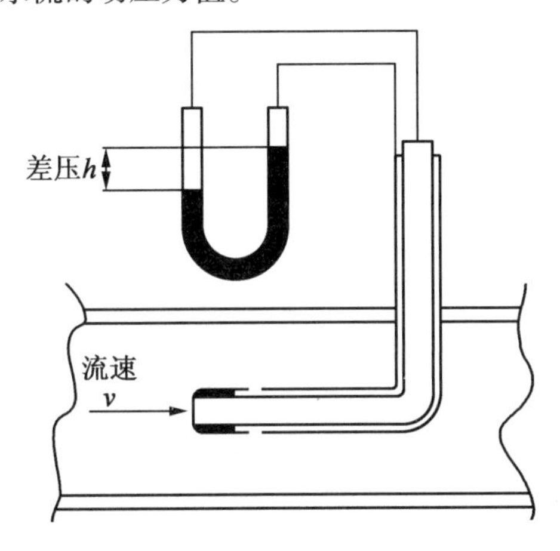

图 3－1　毕托管流速测量的原理示意图

在理想状态下，假设水流在毕托管的入口处静压力值为 p_0（包括压力水头和重力水头），则根据伯努力方程的原理（即连续流体介质的机械能守恒原理），图 3－1 中 U 型管左侧的液面压力值应为

$$p_{左} = p_0 + \frac{1}{2}\rho v^2 \tag{3-1}$$

而 U 型管右侧的液面压力值应为

$$p_{右} = p_0 \tag{3-2}$$

根据连通器的原理，在同一液面高度处 U 型管左右两侧的压强相等，可知

$$p_{左} = p_{右} + \rho_1 g h \tag{3-3}$$

式中，v 指的是毕托管入口处的水流速度值；ρ_1 指的是 U 型管中液体的密度；h 指的是 U 型管左右两侧液柱的垂向高度差。

将式（3－1）、式（3－2）代入式（3－3）中可以得到

$$\frac{1}{2}\rho v^2 = \rho_1 g h$$

即

$$v = \sqrt{\frac{2\rho_1 gh}{\rho}} \tag{3-4}$$

由于液体的压强只与其垂向高度有关，因此在实验时可使 U 型管（或斜管）倾斜一定的角度以使液柱差距离增大从而减小读数误差，假设 U 型管（或斜管）的倾斜角度为 Φ，则毕托管入口处的水流速度值计算公式为

$$v = \sqrt{\frac{2\rho_1 gl\sin\Phi}{\rho}} \tag{3-5}$$

式中，l 指的是倾斜 U 型管（或斜管）两侧的液面距离之差；$h = \sin\Phi l = \sin\Phi\left|l_1 - l_2\right|$；$l_1$ 和 l_2 分别指的是 U 型管左右两侧液面到底端的距离。

毕托管测量流速时需将探头置于水流中才可完成，从这可以看出毕托管流速测量实验是一种接触式测量实验，而毕托管本身具有一定的体积和形状，这必然会使得其对于流场产生一定的干扰，并且毕托管探头前端和侧面的开口形状也会对流速测量结果产生一定的影响，因此采用毕托管进行流速测量时需要提前进行校核并计入一定的修正系数 K，由此得出实际实验中流速计算公式为

$$v = K\sqrt{\frac{2\rho_1 l\sin\Phi}{\rho}} = K\sqrt{\frac{2\rho_1 h}{\rho}} \tag{3-6}$$

从以上介绍可知，毕托管流速测量实验是一种接触式测量实验，因而在该实验中毕托管的直径（即体积）越小，其对实验结果的影响越小，测量结果也越准确。但是毕托管的直径越小其内部连通的管路也越细，而越细的管路越容易被杂质堵塞，从而导致测量结果不准确，因此在实验时需根据水质情况选择直径合适的毕托管进行实验，从而保证实验的顺利完成。选择实验中毕托管的直径时可根据“保证内部管路不被堵塞的情况下尽量选择直径小的毕托管”的原则进行。在实验前或实验中毕托管被杂质堵塞时，可采用小型水泵从堵塞的测量接口开始冲洗，以消除堵塞继续实验；而对于堵塞较为严重无法完全冲洗干净的毕托管应及早废弃，更换新管以顺利完成实验。

3.1.4　实验要求与步骤

1. 实验要求

实验要求由本实验在进行过程中的一些要求以及促进培养实验者实验素养的一些要求共同构成，后续介绍的实验方案中的实验要求亦是由这两部分内容构成。

（1）实验前，认真学习本书第 1 章内容，以了解循环水槽的结构组成、功能分布、配套设备及其功能以及应用情况，同时需对循环水槽的工作原理有初步的理解与认识。

（2）实验前，认真学习本节前面的实验原理，并能够清楚地知道本实验的直接测量量是什么、目标测量量是什么以及直接测量量和目标测量量之间的关系。

（3）实验时，按照实验步骤和设备的使用操作规程认真完成实验，对于不会操作的设备不得随意开启操作，对于操作不熟的设备要请有经验的人员现场指导。

（4）实验完成后，导出所需的实验数据，将所有设备关机、断电，相互连接的设备或导线、数据线等拆解连接后放置回原来的位置，将用到的工具、仪器和未用到材料等整理好放回原

处，并将实验过程中产生的垃圾分类带走。

2. 实验步骤

(1)安装毕托管，确保毕托管探头尽量在水流的中心位置，同时确保探头管路与来流平行、探头开口与水流方向相对。

(2)连接管路，用橡胶软管将毕托管的内外管路和 U 型管(或斜管)的两侧管路紧密相连。

(3)利用水泵排出管路和毕托管内的空气，并观察水槽中水流静止时 U 型管(或斜管)两侧的水位是否相同，如果不相同则表明仍有空气存在，需重复上述操作直至水位相同。

(4)测量并记录 U 型管(或斜管)的倾斜角度。

(5)记录水温(水在不同温度时其密度也不尽相同，因此实验时需准确记录水温，实验完成后需根据“温度 - 密度”关系表查询实验水温所对应水的密度，并据此处理实验结果)。

(6)开启循环水槽动力段电机，待水槽内水流和 U 型管(或斜管)两侧液柱均稳定后，读取液柱高度，记录电机转速(单位：r/min)。

(7)调整电机转速，重复步骤(6)。

(8)实验完成后关闭实验设备，整理归位实验仪器。

3.1.5　实验结果与处理

将上述实验过程中测得的数据整理并记录至表 3 - 1 中。查询毕托管的使用说明书，确定其修正系数 K，根据记录的水温值查询附表 1，确定实验时水的密度 ρ_{H_2O}。

表 3 - 1　毕托管流速测量实验结果记录表

编号	电机转速 $N/(r \cdot min^{-1})$	l_1/mm	l_2/mm	Δl/mm	Φ/(°)	Δh/mm	水流流速 $v/(m \cdot s^{-1})$
1							
2							
3							
4							
5							
6							
7							
8							
9							
…							

根据前面介绍的实验原理和上表中记录的原始数据，按照以下步骤对实验数据进行处理，最终得出循环水槽电机转速与水流流速的关系图。

(1)根据 l_1 和 l_2 的值，求出液面距离的斜向差值 Δl，$\Delta l = |l_2 - l_1|$。

(2)根据 Δl 和 U 型管(或斜管)的倾斜角度 Φ，求出液面垂向差值 Δh，$\Delta h = \Delta l \sin \Phi$。

（3）将液面的垂向差值 Δh、毕托管的修正系数 K、实验时水的密度 ρ_{H_2O} 和 U 型管中液体密度 ρ_1，代入式（3－6）中可求出循环水槽中的水流流速 v，$v=K\sqrt{\dfrac{2\rho_1\Delta h}{\rho_{H_2O}}}$。

（4）将以上计算出的 Δl、Δh 和 v 分别记录至表 3－1 中的相应位置，并根据电机转速 N 与水流流速 v 在图 3－2 中绘制 $N-v$ 关系图。

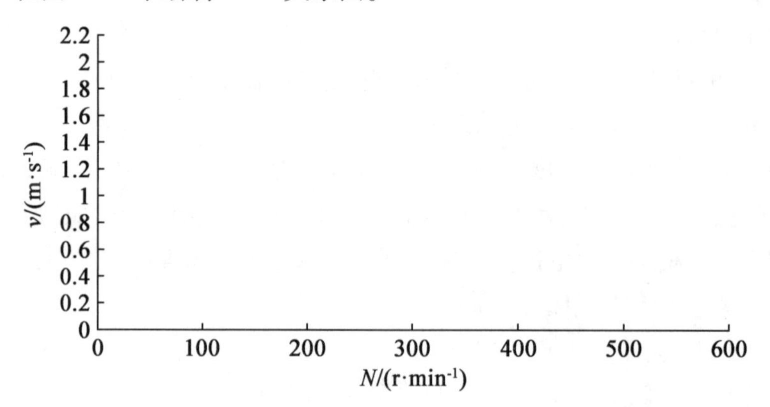

图 3－2　电机转速与水流流速对应关系图（$N-v$ 对应关系图）

3.1.6　实验应用与思考

（1）流速测量的方法都有哪些？毕托管流速测量较其他方法而言有何优缺点？

（2）请根据本实验的原理设计一个可用于风洞流速测量的实验方案，并探讨风洞流速测量与循环水槽流速测量之间的异同点。

3.2　平板阻力实验

船舶或水下航行器在水中运动时所受到的阻力按弗劳德阻力分类可分为摩擦阻力和剩余阻力，剩余阻力包含粘压阻力和兴波阻力，即 $R_t=R_f+R_r$，$R_r=R_w+R_{pv}$，根据阻力相似定律中的雷诺定律可知一定形状的物体在水中的黏性阻力系数（即摩擦阻力系数）是仅与雷诺数 Re 有关的，而根据弗劳德定律可知给定船型的兴波阻力系数是仅与弗劳德数 Fr 有关的，且兴波阻力是剩余阻力的主要部分。对于雷诺相似定律而言，船模实验时模型的速度是实船速度的 λ 倍（λ 为船模的缩尺比）；对于弗劳德相似定律而言，实验时模型速度是实船速度的 $\sqrt{\dfrac{1}{\lambda}}$。可以看出，船模实验时不可能同时满足雷诺相似定律和弗劳德相似定律（详见 4.1 节），同时由于实船的航速值本身便比较大，其 n 倍将使航速更大，使很难有水动力实验设施能够满足雷诺相似定律时的船模航速要求。对于船舶而言，其兴波阻力不仅与弗劳德数有关，还与其船体形状有关，而其黏性阻力主要是水与船体本身材质的相互黏附作用所形成的，由此可知船型对于船体的黏性阻力系数影响相对较小，而对于其剩余阻力尤其是兴波阻力的影响相对较大,因此在进行船模阻力实验时,通常采用弗劳德数相等的方案进行,这样船型的剩余阻力系数可通过实验得出。但是其黏性阻力系数需要另行计算,平板阻力实验即是研究物体表面在水流中所受到的黏性阻力(即摩擦阻力)性能的实验。

平板阻力实验经过人们近百年的研究,目前已形成多种成熟的实验方法,根据测量方法的不同可主要分为应变式天平测试法、悬挂位移式阻力测试法、压差流阻测试法、旋转黏度计测试法和 PIV 粒子图像测试法等。其中,应变式天平测量和悬挂位移式测量均可根据测量所得的直接结果推算出平板阻力的具体数值,属于定量测试方法;压差流阻测试、旋转黏度计测试和 PIV 粒子图像测量等方法只能测出物体的阻力特性,即只能测出不同物体间在水中阻力值的大小,不能直接测出平板阻力的具体值,属于定性测量的方法。

在这些平板阻力测量的方法中,定量测量的方法能够测出平板阻力的具体数值,便于理解与分析,因此实际应用中定量测量方法相对更加常用一些。在以上介绍的定量测试方法中,悬挂位移式测量方法是将平板用钢丝悬挂在水中,而后开启设备使水产生一定的流速,水流会使平板产生一定的位移(悬线产生一定的角度),待平稳后记录平板的位移量(或悬线的偏转角),根据平板受力平衡的原理计算出其所受到的阻力值。该方法理论简单,理论计算也较为精确,但是由于平板所受阻力较小,其位移量(悬线角度)较小,因此该方法的测量难度和读数误差等均相对较大。应变式天平测量方法先将受力转化成天平结构的微变形引起的应变量,而后根据应变量使得应变片产生电阻变化量而导致电路中的电压产生变化的方式来测量平板所受到的阻力。采用应变式天平测量时可通过选用小量程、高精度的测力天平以及使用放大电路放大所测电信号等方式来提高实验数据的测量精度。从这里可以看出,相对于悬挂位移式测量方法而言,应变式天平测量法的测量结果更加准确、高效,因此它也得到了人们的广泛应用。本节中也将以应变式天平测量法来对水中平板阻力测量实验进行详细的介绍。

3.2.1　实验目的

(1)了解平板阻力的测量装置的结构和原理。

(2)掌握应变式平板阻力测量方法及实验仪器的使用方法。

(3)掌握平板阻力与摩擦阻力系数的换算关系。

(4)培养实验者的自主动手能力、工程实践能力以及实验素养。

3.2.2　实验所用到的仪器设备

本实验用到的仪器设备和材料主要有:循环水槽、钢质平板、高精度测力天平、数据采集仪和安装实验架等。

3.2.3　实验原理

本节中介绍的应变式平板阻力测试装置的示意图如图 3-3 所示,用两个高精度的测力天平沿水槽的来流方向将实验平板连接到实验架上,保证在实验架上的两个连接点在同一水平高度且其连线与水槽工作段处的中轴线平行,同时两个测力天平也在同一水平高度,安装方向相同且其连线也与水槽工作段处的中轴线平行，如此可确保平板与水槽中轴线平行，即平板与来流方向平行，同时也确保了平板不会因为安装、固定等因素使自身产生弯曲、扭转等变形情况，以消除干扰因素，保证实验精度。本装置中用两个测力天平将实验平板与实验架连接在一起，可有效避免实验过程中平板发生绕 z 轴的旋转，防止其影响阻力结果的测量；同时平板的每个连接点均利用 U 型环和螺栓与测力天平相连，即将平板卡入 U 型环的开口位置以螺栓固定，将 U 型环的底部与测力天平相连接，如此可有效避免实验过程中由于平板的横向位移而产生的实验误差。实验所用平板在实验前需将其前后位置打磨成楔形，如此可更好地减小兴波阻力及粘压阻力的影响，以便更准确地测量平板的黏性阻力（摩擦阻力）。

图 3－3　平板阻力测试装置示意图

实验时由于平板对水流产生一定的阻力，根据牛顿第三定律可知，水流也会对平板产生一个推力，这个推力会使得平板沿水流流动方向产生位移；由于平板与实验架之间是通过测力天平刚性连接的，因此平板所受到的水流推力也会如数传递给测力天平，即平板由于受力产生位移会带动测力天平的内部结构产生变形，从而使得内部结构形成应变以测量受力值，即应变式平板阻力测量结果的数据推算过程是：$U \rightarrow \Delta R \rightarrow \varepsilon \rightarrow F$。

由于实验平板的迎流截面非常小，因此可近似认为实验所测得的总阻力即是平板在水中所受到的摩擦阻力，即 $R_{\mathrm{f}} = R_{\mathrm{t}}$，由此可计算出平板在不同水流速度下的摩擦阻力系数 C_{f} 为

$$C_{\mathrm{f}} = \frac{R_{\mathrm{f}}}{\frac{1}{2}\rho v^{2} S} \tag{3-7}$$

根据经验公式（1957ITTC 公式）计算实验流速下平板的摩擦阻力系数为

$$C_{\mathrm{f}} = \frac{0.075}{(\lg Re - 2)^{2}} \tag{3-8}$$

式中，Re 为雷诺数。

将相同水流速度下式（3－7）和式（3－8）的结果进行对比，分析其结果差值是否在合理区间内。如是，则说明实验过程合理和实验设备运转正常；如不是，则说明实验过程或实验设备存在问题，需回溯检查找出原因，及时更正，以保证实验顺利进行。

3.2.4　实验要求与步骤

1. 实验要求

（1）实验前需认真了解平板阻力实验的意义，应具有一定船舶阻力方面的知识。

(2)实验操作前要了解本实验中所用到设备的基本原理,熟悉仪器设备的操作规程,做到“不会用不乱碰、不熟悉不开机”。

(3)实验过程中首先要保证人身安全,并在保证人身安全的基础上,注意保护实验仪器、设备。

(4)实验完成后将仪器设备拆卸归位,实验中用到的工具、材料整理归位,实验过程中产生的垃圾分类带走。

2. 实验步骤

(1)检查并标定测力天平,实验开始前对测力天平进行重新标定,确定天平受力和测量信号的关系曲线(即 $U-F$ 曲线或 $\varepsilon-F$ 曲线)。

(2)标定循环水槽的水流速度,在实验开始前对循环水槽的主机转速和水流速度的关系进行标定(即标定上一节中提到的 $N-v$ 曲线)。

(3)将平板阻力测试装置安装到实验支架上,确保平板与来流方向平行。

(4)开启测力天平的测量装置,在静水平衡状态下确定测量装置读数是否归零,若不归零,查找原因并改正。

(5)测力装置读数归零后,开启水槽动力段电机,待水流稳定后,读出测力装置显示的数值,并记录此时的电机转速和水温。

(6)依次改变电机转速,每次待水流稳定后,读出测力装置显示的数值。

(7)根据之前标定的结果计算不同水流速度下的平板阻力值和摩擦阻力系数。

(8)验证实验结果的准确性,无误后,关闭实验设备,整理并归位实验仪器。

3.2.5　实验结果与处理

平板阻力实验结果记录在表 3-2 中。

表 3-2　平板阻力实验结果记录表

编号	电机转速 N /($r \cdot min^{-1}$)	水流速度 v /($m \cdot s^{-1}$)	直接测量量 U(或 ε) /mV	平板阻力 R /N	摩擦阻力系数 C_{f1} (实验结果) $C_f=\dfrac{R}{0.5\rho v^2 S}$	摩擦阻力系数 C_{f2} (计算结果) $C_f=0.075/(\lg Re-2)^2$
1						
2						
3						
4						
5						
6						
7						
8						
9						
…						

(1)根据电机转速值 N 和 $N-v$ 曲线求出实验时的水流速度,根据测力装置的直接测量量 U(或者 ε)根据 $U-F$ 曲线(或 $\varepsilon-F$ 曲线)求出实验时测力天平的受力值即平板阻力值 R。

(2)根据实验平板的尺寸求出平板的湿表面积 $S=2(LH+BH)$,其中 L 是平板长度,H 是平板的浸深,B 是平板厚度;根据记录的水温查找附录1和附录2,得出实验水温下水的密度和运动黏性系数,并求出雷诺数 $Re=vL/\upsilon$。

(3)根据式(3-7)求出由实验结果得到的摩擦阻力系数 C_{f1},根据式(3-8)求出由经验公式计算得到的摩擦阻力系数 C_{f2},将 C_{f1} 和 C_{f2} 进行对比,验证实验过程或实验设备等是否存在问题,实验结果是否可靠。

(4)如实验结果可靠,则根据水流速度 v 和实验得出的摩擦阻力系数 C_{f1} 在图3-4中绘制流速与平板摩擦阻力系数的曲线图($v-C_f$ 曲线图)。

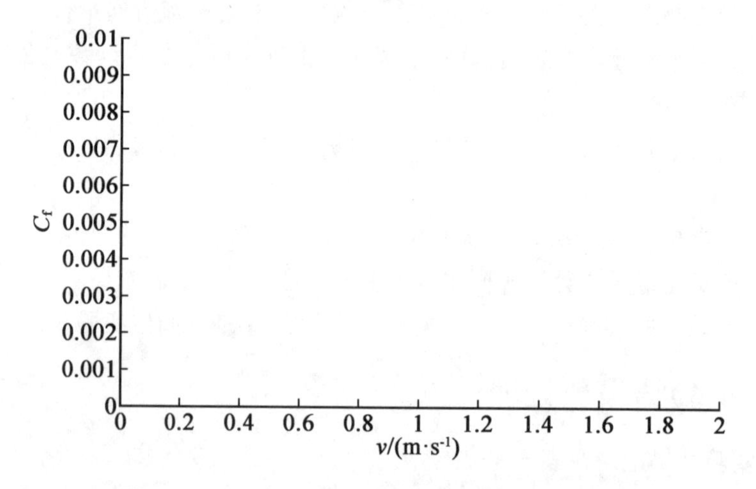

图3-4　平板阻力系数随流速变化的曲线图($v-C_f$)

3.2.6　实验应用与思考

(1)平板阻力的大小与哪些因素有关?

(2)本节中验证实验结果用的是1957ITTC公式,除了该公式外还有哪些公式可计算摩擦阻力系数?这些公式的特点分别是什么?

(3)通过本节的介绍可知平板阻力实验可以测量平板在水中的摩擦阻力系数,那么哪些研究或工程可以用到该实验?怎么用?

3.3　基于压强分布法的圆柱绕流实验

钝体绕流是实际工程中经常碰到的问题,它广泛存在于水利工程、建筑工程、环境工程、航空航天工程以及船舶与海洋工程等领域中,如风对塔形建筑物、化工塔设备、高空电缆、飞机的翼间支柱等的作用,水流对桥梁、桩基码头、海底运输管线、潜水艇通气管、海洋立管、潜标缆绳和海洋钻井平台支柱等的作用等。圆柱绕流是钝体绕流中最为经典的绕流问题之一,也是流体力学中的经典问题之一,同时也是实际工程应用中常遇到的问题之一。

圆柱绕流属于非定常分离流动的问题。流体在绕圆柱流动时,过断面收缩,流速沿程增加,压强沿程减小,由于流体黏性的存在,圆柱周围形成附面层的分离,因此产生圆柱绕流的现象。圆柱的存在一定程度上挡住了水流的流动,因此水流会在圆柱的迎水面形成壅水的现象,壅水现象又会增加圆柱的受力,使圆柱绕流问题变得更加复杂,但圆柱绕流问题又是实际工程中无法绕开的问题,因此对于圆柱绕流的研究在国内外依然是一个相对热门的课题。

圆柱绕流不仅在实际工程中存在着广泛的应用实例,同时其在流体流动的机理研究和理论分析等方面也有较为重要的研究意义。圆柱绕流实验是研究流体流动的外流问题和形状阻力的典型实验之一,通过测量圆柱外围表面的压强分布可以清楚地认识实际流体绕圆柱型物体流动时,物体表面的压强分布规律,同时将实验结果与理想流体计算出的结果进行对比,可更加清晰地解释形状阻力的成因以及其测量和计算方法。本节将主要基于圆柱绕流的实验方案介绍其相关的实验原理、步骤要求和结果处理方法等内容。

3.3.1 实验目的

(1)了解圆柱绕流的相关知识,并理解圆柱绕流实验的意义。

(2)了解圆柱绕流实验所用到的仪器设备和材料,并理解这些仪器设备和材料在本实验中的功能和作用,同时熟练掌握这些仪器设备的使用方法。

(3)理解圆柱绕流实验的原理,了解实验步骤,并结合最终所需的实验数据和处理方法理解每一步的操作内涵,学会测量各类流体绕流物体时的表面压力分布方法。

(4)了解实际流体绕圆柱流动时的压力分布规律,并与理想流体计算结果进行比对,分析差别及原因。

(5)培养实验者的实践动手能力和工程实验素养,锻炼实验者在进行课题研究时理论分析结合实验研究的能力。

3.3.2 实验所用到的仪器设备

本实验所用到的仪器设备和材料有:循环水槽、毕托管、多管压力计、直尺、游标卡尺、刻度盘、水温计、实验圆柱、细针管和橡胶软管等。

3.3.3 实验原理

对于理想流体而言,当有平行流绕圆柱流动时,圆柱表面的任意一点速度分量可写为

$$\begin{cases} V_{\mathrm{r}} = 0 \\ V_{\theta} = -2V_{\infty}\sin\theta \end{cases} \tag{3-9}$$

式中,V_{r} 表示水流在柱面径向的速度;V_{θ} 表示圆柱表面流速;V_{∞} 表示无穷远处的来流速度。

由伯努力方程可知圆柱表面任意一点处的静压力 p 可以写成

$$\frac{p}{\rho}+\frac{V_\theta^2}{2}=\frac{p_\infty}{\rho}+\frac{V_\infty^2}{2} \tag{3-10}$$

式中,p_∞ 为无穷远处的来流静压力;ρ 为流体的密度。由式(3－10)可得

$$p-p_\infty=\frac{1}{2}\rho V_\infty^2\left[1-\left(\frac{V_\theta}{V_\infty}\right)^2\right]$$

将式(3－9)代入上式可得

$$p-p_\infty=\frac{1}{2}\rho V_\infty^2(1-4\sin^2\theta) \tag{3-11}$$

由此,定义无因次压力系数 C_p 为

$$C_p=\frac{p-p_\infty}{\frac{1}{2}\rho V_\infty^2} \tag{3-12}$$

由伯努力方程(即式(3－10))可得无穷远处的速度 V_∞ 为

$$V_\infty=\sqrt{\frac{2(p_0-p_\infty)}{\rho}} \tag{3-13}$$

式中,p_0 为来流总压力,$p_0=p+\frac{1}{2}\rho V_\theta^2$。

由以上介绍可知,对于理想流体而言,圆柱绕流时的压力系数 C_p 为

$$C_p=1-4\sin^2\theta \tag{3-14}$$

对于实际流体而言,流体黏性的存在导致当其绕圆柱体流动时,实际流体不能完全像理想流体那样贴附在圆柱体的表面,尤其是当流体流过圆柱时的速度达到临界雷诺数所对应的流体速度之后,实际流体会在圆柱体的后方发生分离并产生漩涡,形成漩涡区,而从分离点开始圆柱后部的压强大致接近分离点压强,不能恢复到前部的压强,这样破坏了圆柱体前后两个面压力分布的对称性,从而形成压差阻力 F_D。

由式(3－11)可知,$p-p_\infty$ 表示的是流体流经圆柱表面时流体静压的变化量,而 $1/2\rho(V_\infty^2-V_\theta^2)$ 表示的是流体流经圆柱表面时流体动压的变化量,而流体动压和静压相互转换便是因为圆柱的存在干扰了流体的流动(如圆柱不在流体将保持静压为 p_∞,动压为 $\frac{1}{2}\rho V_\infty$),对于理想流体而言,其前后两面的压力分布对称,因此其压强合力为0(达朗贝尔佯缪对于不可压缩和不黏的潜在流体,在相对于流体以恒定速度运动时,其拖曳力为0);而对于实际流体而言,由于黏性的存在,圆柱前后两个面会产生压差阻力,而这个压差阻力便是沿圆柱表面水流对于圆柱的压强的合力。从流体流动的角度进行分析可知,压差阻力是由于流动的流体流过圆柱而产生的,且这个力是由于流体流经圆柱表面时,绕圆柱流动的流体动压整体减小、流体静压整体增大而产生的,并且从压差阻力直接产生的原因看,它是由于圆柱在流体的来流方向上前后压力不一致而产生的,因此圆柱表面的粘压阻力可写成

$$F_D=\int_0^{2\pi}(p-p_\infty)RL\cos\theta\,\mathrm{d}\theta \tag{3-15}$$

而由于圆柱表面的摩擦阻力相对于压差阻力而言小很多,可近似忽略不计,因此圆柱的阻力

系数可表示为

$$C_D = \frac{F_D}{\frac{1}{2}\rho A V_\infty^2} = \int_0^{2\pi} \frac{1}{2} C_p \cos\theta \mathrm{d}\theta = \int_0^{\pi} C_p \cos\theta \mathrm{d}\theta \tag{3-16}$$

式中,A 为圆柱的迎风特征面积,A = DH = 2RL,D 和 R 分别为圆柱的直径和半径,L 为圆柱的高度;C_p 为圆柱的压力系数,由式(3 - 12)确定。将式(3 - 13)代入式(3 - 12)中可得

$$C_p = \frac{p - p_\infty}{p_0 - p_\infty} \tag{3-17}$$

由式(3 - 17)可以看出,圆柱在流体中的压力系数是圆柱表面的静压力与无穷远处来流的静压力之差和圆柱的来流总压力与无穷远处来流静压力之差(即无穷远处来流动压力)的比值。由此可知,在基于压强测量法的圆柱绕流阻力实验中,需要进行直接测量的量是无穷远处来流的总压值和静压值之差(即无穷远处来流动压值)以及圆柱表面的静压值和无穷远处水流的静压值之差,由此根据式(3 - 17)和式(3 - 16)可分别得出圆柱绕流时的压强系数和阻力系数。

圆柱绕流实验的示意简图如图 3 - 5 所示,其中毕托管安放在收缩段的出口后方附近,以测量式中无穷远处来流的总压值和静压值之差,通过毕托管测量流体动压值(即总压值和静压值之差)的原理和方法可参见本章第一节中的介绍。圆柱表面的压力测量是通过在圆柱体的表面开一个测压孔,而后将测压孔中的压力引入到多管压力计中进行测量的。由于水流在圆柱体表面的径向速度 $V_r = 0$,且流体对于圆柱表面的静压力 N 的方向是垂直于圆柱体表面指向圆心,而水流在圆柱表面的切向流速 V_θ 的方向与压力 N 的方向垂直,因此通过圆柱表面上的测压孔所测得的压力值即是流体对圆柱表面的静压力值。

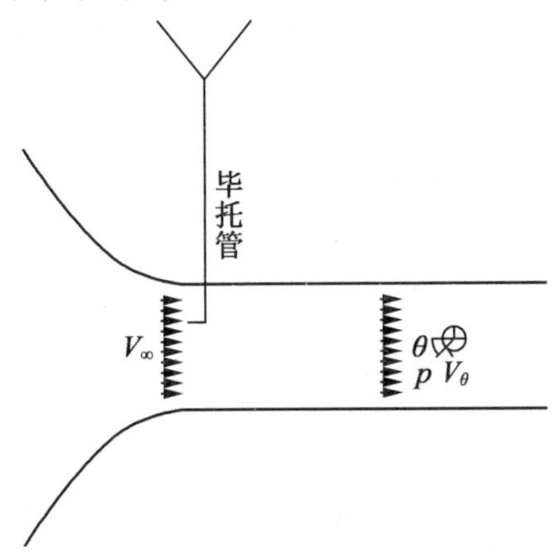

图 3 - 5　圆柱绕流实验示意简图

实验中用于测量压力数值的多管压力计的结构示意图如图 3 - 6 所示,它是由一个宽广容器和数个测压管组成的,当各测压管连接着的管路内部压力发生变化时,测压管内的液柱高度也将发生变化,从而可以测出管路内的压力值。在实验时,圆柱上的测压孔通过一个细针管与外管路连接在一起,这样测压孔内的压力就可以通过针管传递出来,如此将测压孔的外部管路通过橡胶软管连接到测压管 1 上,将毕托管测量静压水头和总压水头的管路分别

连接在测压管 2 和测压管 3 上，当设备（循环水槽、循环水筒或风洞等）启动后，内部流体流动时，在圆柱体的表面产生绕流的现象后，测压管 1、2、3 将会由于其所连接的管路内部压力变化而产生液柱高度变化，从而分别测量出圆柱表面的静压水头 p、无穷远处的总压水头 p_∞ 和无穷远处的静压水头 p_0，以此得到各压力之间的差值，从而求得圆柱表面的压力系数。实验时可直接通过液柱之间的高度差得到相关压力之间的差值。

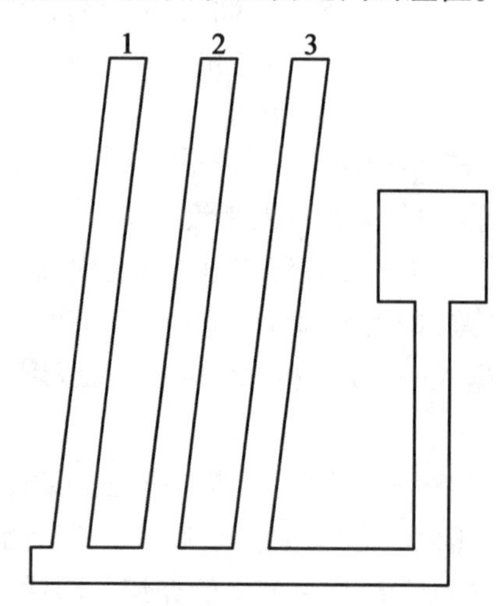

图 3－6　多管压力计的结构示意图

根据以上方法可以测得测压孔与水流成不同角度 θ 时的压力分布情况，即圆柱表面不同方位处的压力分布情况，根据式（3－16）利用梯形法、辛普生法或绘图求样条曲线面积的方法均可求出圆柱在某一流速下的阻力系数 C_D。以梯形法为例，阻力系数的计算公式为

$$C_{\mathrm{D}} = \sum_{i=0}^{N} C_{\mathrm{p}} \cos(i\Delta\theta)\Delta\theta \tag{3-18}$$

由上式可以看出，N 的值越大 $\Delta\theta$ 值越小，阻力系数 C_{D} 的计算值越准确；但 N 值太大会使实验测点数增多，实验时长增加，因此在制订实验方案时需选择合适的 N 值，在保证满足阻力系数 C_{D} 计算精度的前提下选择合适数目的测点（即 N 值）进行实验，以平衡实验时长和结果产出的关系。在本实验中选择测点方案时，由于前半部分区域（$0 \sim \frac{\pi}{2}$ 和 $\frac{3\pi}{2} \sim 2\pi$）的压力变化较大，因此在前半部分区域内测点可选择得相对密集一些，后半部分区域内测点选择可较前半部分稀疏一些，以此来减小实验过程中的工作量，同时保证实验结果的精度。

3.3.4　实验要求与步骤

1. 实验要求

（1）实验前，需对本实验中所用到的仪器、设备有一定的了解，并且理解本实验的意义和原理。

（2）实验过程中需严格按照相关仪器设备的操作规程进行操作，对于不熟悉的设备不乱开机，不明白的功能不乱启用。

(3)实验过程中要首先保证人身安全,并在保证人身安全的前提下,注意保护实验仪器、设备等的安全。

(4)实验完成后将仪器设备拆卸归位,实验中用到的工具、材料等整理归位,实验过程中产生的垃圾分类收拾干净并带走。

2. 实验步骤

(1)在安装圆柱前分别用直尺和游标卡尺测量圆柱的长度 L 和直径 D。

(2)将实验圆柱和刻度盘以图 3-7 中的形式组装好后安装到循环水槽工作段处的测试架上,将毕托管安装到循环水槽工作段来流入口的后方附近,并保证实验圆柱的测压孔和毕托管的前端开口与来流相对。

(3)调节多管压力计,观察其液柱内是否有气体存在,如有需提前排出,同时检查多管压力计在无外界压力的情况下宽广容器和各测量管内的液体高度是否一致,如不一致检查原因并调整仪器,如一致则将测量管调节至合适的角度 α,而后将测压孔连接出的管路以及毕托管静压测量管路和总压测量管路分别按原理中介绍的次序以软管进行连接,待管路连接好后以水温计测量并记录循环水槽内水体的温度。

(4)开启循环水槽动力段电机并使其转速达到 N (r/min),待工作段水流稳定后读出毕托管的静压水头液柱高度值 h_∞(即测压管 2 中的液柱高度)、总压水头液柱高度值 h_0(即测压管 3 中的液柱高度)和测压孔连接管路的液柱高度值 h(即测压管 1 中的液柱高度),并记录在表 3-3 中,此时测量的是圆柱在 0°时的表面压力值及其他相关的压力实验值。

(5)记录步骤(4)中的实验数据后关闭循环水槽动力段的电机,待槽内水体平稳后按照实验前订立的实验方案旋转圆柱,使圆柱表面的测压孔法向量与水流方向成 θ 角,而后再次开启动力段电机并使其转速达到 N (r/min),待槽内水流稳定后记录实验结果。

(6)按照实验方案中所制定的圆柱表面测点角度依次重复步骤(5),直至所有测点均测量完成,而后再次测量并记录水温。

(7)按照实验方案中制订的动力段电机转速,依次重复步骤(4)、(5)、(6),直至所有转速情况下的测点均测量完成。

(8)实验完成后关闭所有实验设备,拆卸实验中安装的仪器和构件,并将实验中用到的所有仪器设备、工具和材料等整理归位。

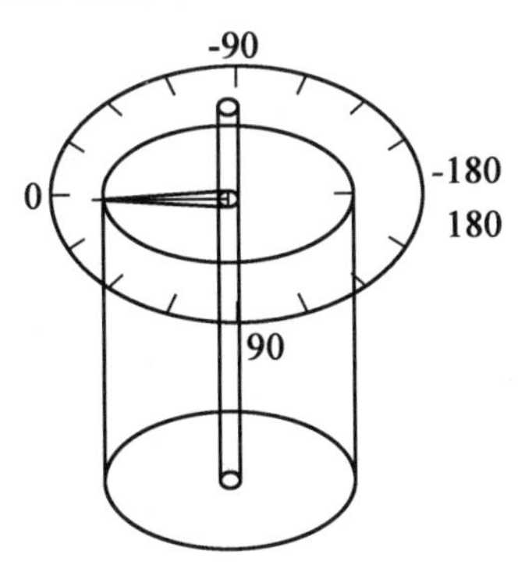

图 3-7　实验圆柱与刻度盘

3.3.5 实验结果与处理

将实验方案中循环水槽动力段电机转速 N = ________ r/min 的实验测量数据记录到下列相应位置处：

实验圆柱的长度 L = ________ mm；实验圆柱的直径 D = ________ mm。

实验前槽内水体温度 t_1 = ________℃；实验后槽内水体温度 t_2 = ________℃。

多管压力计的倾斜角度 α = ________°；多管压力计内液体的密度 ρ_1 = ________ kg/m³。

表 3-3 圆柱绕流实验结果记录表

角度 θ /(°)	圆柱表面压力值对应液柱高度 h /mm	无穷远处静压力对应液柱高度 h_∞ /mm	无穷远处总压力液柱高度 h_0 /mm	角度 θ /(°)	圆柱表面压力值对应液柱高度 h /mm	无穷远处静压力对应液柱高度 h_∞ /mm	无穷远处总压力液柱高度 h_0 /mm
0				190			
5				200			
10				210			
15				220			
20				230			
25				240			
30				250			
35				260			
40				265			
45				270			
50				275			
55				280			
60				285			
65				290			
70				295			
75				300			
80				305			
85				310			
90				315			
95				320			
100				325			
110				330			
120				335			

续表 3-3

角度 θ /(°)	圆柱表面压力值对应液柱高度 h /mm	无穷远处静压力对应液柱高度 h_∞ /mm	无穷远处总压力液柱高度 h_0 /mm	角度 θ /(°)	圆柱表面压力值对应液柱高度 h /mm	无穷远处静压力对应液柱高度 h_∞ /mm	无穷远处总压力液柱高度 h_0 /mm
130				340			
140				345			
150				350			
160				355			
170				360			
180							

(1)分析表 3-3 中无穷远处静压力和总压力所对应的液柱高度值,并分析这两个量的值是否在所有测点处均一致。理论上,当循环水槽动力段电机转速相同时,这两个量在不同测点时的值也应相同,但是由于实验误差的存在,在测量不同测点时这两个量的值可能并不完全相同,因此需分析它们是否在合理的容错范围内。如在,则说明是误差导致的测量结果的差异;如不在,则说明此次测量结果有误,需找明原因重新测试。如表中的这两个量的值全部在容错范围内,则根据表中的实验结果值分别求取它们的平均值$\overline{P_0}$和$\overline{P_\infty}$,并根据平均值求出无穷远处来流的速度 V_∞。

(2)根据实验前后测得的水温值,计算出实验时的水温平均值$\bar{t}$,并根据这一水温值从附表 2 中查出该温度下水的运动黏性系数 υ,而后根据实验前测得的圆柱直径值和上一步中计算出的来流速度值,共同求出在该实验条件下的雷诺数 $Re =$ ________,雷诺数以下列公式求得

$$Re = \frac{V_\infty D}{\upsilon}$$

(3)根据表 3-3 中的数据求出圆柱在不同角度处的压力系数 C_p 和 $C_p\cos\theta$ 的值,并将其对应填入表 3-4 中,其中在计算 C_p 值时,$p - p_\infty$ 和 $p_0 - p_\infty$ 分别以下列公式计算:

$$\begin{cases} p - p_\infty = \rho_1 g(h - h_\infty) \\ p_0 - p_\infty = \rho_1 g(h_0 - h_\infty) \end{cases} \tag{3-19}$$

式中,$h - h_\infty$ 是测压管 1 和测压管 2 的高度差;$h_0 - h_\infty$ 是测压管 3 和测压管 2 的高度差。

表 3－4　圆柱在不同测点处的压力系数

测点角度 θ/(°)	压力系数 C_p $C_p = \frac{p - p_\infty}{p_0 - p_\infty}$	$C_p \cos\theta$	测点角度 θ/(°)	压力系数 C_p $C_p = \frac{p - p_\infty}{p_0 - p_\infty}$	$C_p \cos\theta$
0			190		
5			200		
10			210		
15			220		
20			230		
25			240		
30			250		
35			260		
40			265		
45			270		
50			275		
55			280		
60			285		
65			290		
70			295		
75			300		
80			305		
85			310		
90			315		
95			320		
100			325		
110			330		
120			335		
130			340		
140			345		
150			350		
160			355		
170			360		
180					

(4)根据表 3－4 中的数据在图 3－8 中以 θ 为横坐标，C_p 为纵坐标绘制出圆柱表面的压力系数 C_p 相对于绕圆柱不同角度 θ 的 $\theta - C_p$ 曲线图。

(5)根据表3-4中的数据在图3-9中以θ为横坐标,$C_p\cos\theta$为纵坐标绘制出$C_p\cos\theta$相对于绕圆柱不同角度θ的$\theta-C_p\cos\theta$曲线。

(6)根据式(3-18)计算出本次实验条件下圆柱绕流的阻力系数C_{D_1}=________,根据图3-9中绘制的$\theta-C_p\cos\theta$曲线,求出θ轴与$\theta-C_p\cos\theta$曲线之间的面积值,也是本次实验条件下圆柱绕流的阻力系数C_{D_2}=________,分析C_{D_1}和C_{D_2}的差别以及这两种不同方法的适用范围。

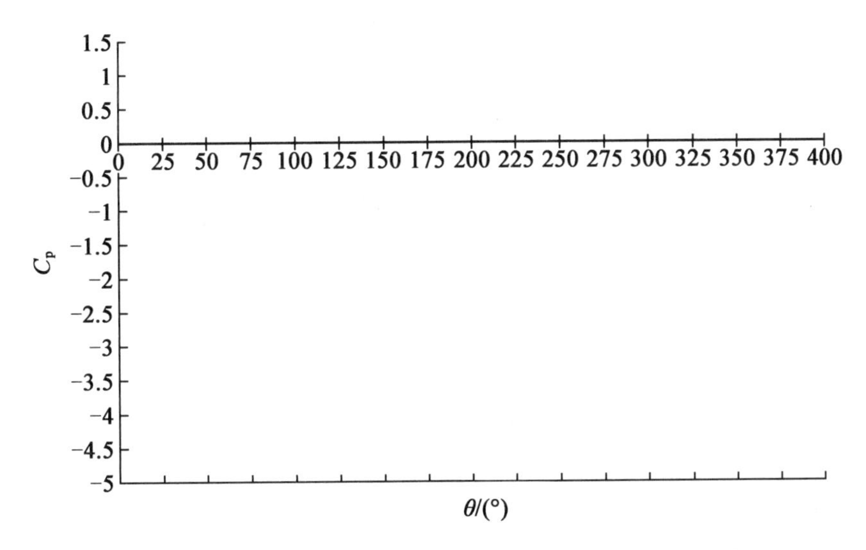

图3-8 圆柱绕流角度与压力系数关系曲线图($\theta-C_p$曲线图)

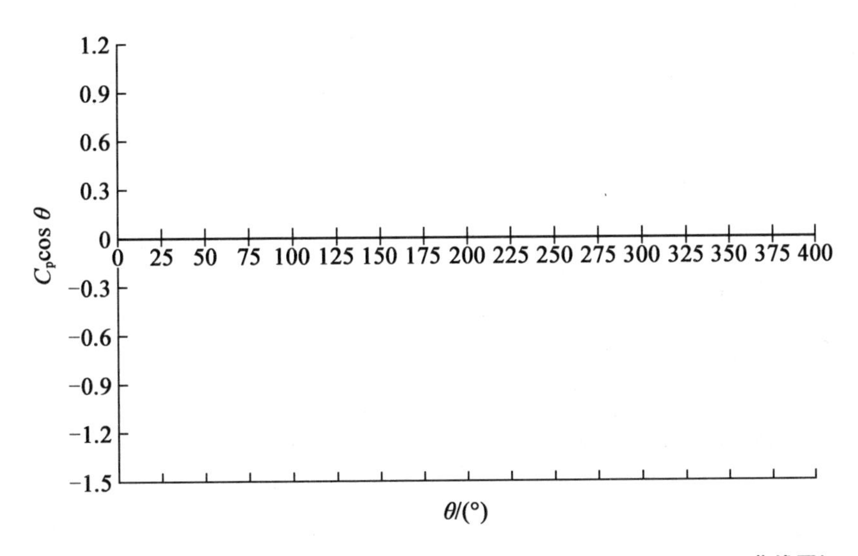

图3-9 圆柱绕流角度与$C_p\cos\theta$之间的关系曲线图($\theta-C_p\cos\theta$曲线图)

(7)将不同来流速度(即不同电机转速或实验条件)时得到的圆柱阻力系数对应填入到表3-5中。

表 3－5　不同来流速度下的圆柱绕流阻力系数

动力段电机转速 $N/(\mathrm{r\cdot min^{-1}})$	来流速度 V_∞ $/(\mathrm{m\cdot s^{-1}})$	圆柱阻力系数（梯形法）C_{D_1}	圆柱阻力系数（面积法）C_{D_2}	动力段电机转速 $N/(\mathrm{r\cdot min^{-1}})$	来流速度 V_∞ $/(\mathrm{m\cdot s^{-1}})$	圆柱阻力系数（梯形法）C_{D_1}	圆柱阻力系数（面积法）C_{D_2}
50				250			
100				300			
150				350			
200				…			

（8）根据表 3－5 中的数据在图 3－10 中绘制出来流速度 V_∞ 和圆柱绕流阻力系数 C_D 之间的关系曲线即 $V_\infty-C_D$ 曲线。

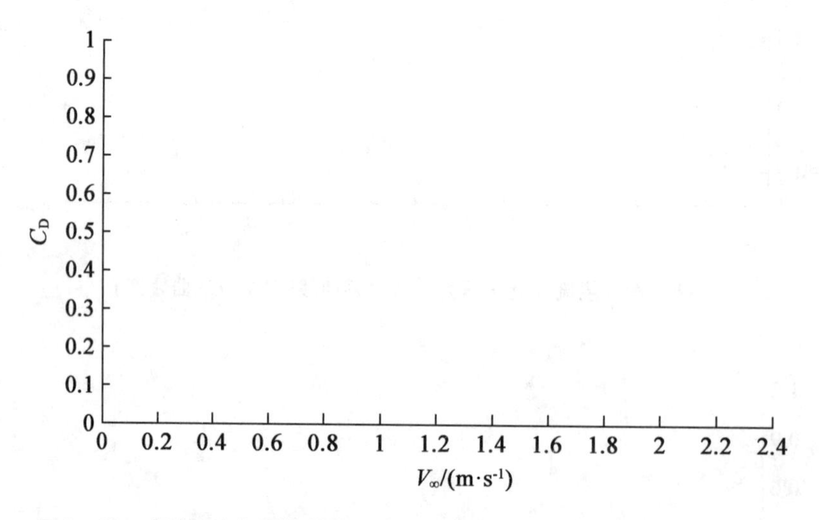

图 3－10　来流速度与圆柱绕流阻力系数的曲线关系图（$V_\infty-C_D$ 曲线关系图）

3.3.6　实验应用与思考

（1）分析影响圆柱绕流阻力的各种因素。

（2）根据本节中介绍的圆柱绕流实验设计出圆球扰流的实验方案。

（3）除圆柱、圆球外再自选一种钝体并设计其绕流实验方案。

第4章　船舶与水下航行器的模型水动力实验方案

船舶与海洋工程结构物模型水动力实验是船海学科领域中重要的科研手段之一。它是根据相似性原理将实物(船舶或海工结构物)缩小为模型大小在拖曳水池或循环水槽等模型水动力实验设施中进行测试以分析其性能的一种方式。近年来随着流体力学和CFD技术的发展,对于一些较为成熟的系列船型或海工结构可以采用数值仿真的方法来完成其性能分析,但是对于新船型、新系列的海洋装备或海工结构而言采用数值仿真技术分析其性能可能会存在较多的不确定因素的影响(如仿真计算参数、自由液面处理方式、湍流模型的选择等)从而导致其仿真结果不准确,影响设计时对于实物性能的判断,从而影响实物结构整体的性能。为避免这一问题的出现,在新船型开发、新系列海洋装备及海工结构研发时,需进行模型水动力实验以预判其水动力性能,以便更好地进行下一步的设计与研发。同时流体力学与CFD技术的发展也离不开模型水动力实验的支持。

4.1　船模阻力实验

船舶阻力是船舶快速性研究的重要内容之一,在船舶阻力的预报、分析领域中,对于已有系列船型的阻力预报、分析通常是采用CFD方法以降低成本、节约时间,而对于新船型的阻力预报与分析通常是采用模型实验的方式,以更准确地了解其阻力性能。并且,在一些船模阻力理论计算方法中,其很多参数甚至是核心计算公式是根据船模阻力实验的结果推导确定的,从这一点也可以看出模型实验能够促进船舶阻力理论计算方法及水动力数值仿真技术的发展与进步。

4.1.1　实验目的

(1)了解船模阻力实验的意义、所用到的实验仪器以及实验仪器的原理及使用方法等。

(2)理解船模阻力实验的原理及步骤,达到给出船型及要求能够自主设计实验方案,并完成方案内容的程度。

(3)理解船舶的总阻力系数、摩擦阻力系数和剩余阻力系数的概念,并了解影响它们的因素分别是什么,同时熟练掌握船模阻力与实船阻力之间的换算方法。

(4)培养实验者的实践动手能力、工程实验素养和科学研究技能。

4.1.2 实验所用到的仪器设备

本实验中所用到的仪器设备有：循环水槽（或拖曳水池）、船模阻力仪（或适航仪）、船模、流速测量装置、六分力天平、数据采集仪、天平（或摆称）、压载重物块等。

4.1.3 实验原理

船模阻力实验主要是依据几何相似和弗劳德相似这两个相似定律设计的。几何相似指船模的几何形状与实船形状相似，但其大小与实船成一定的比例（即缩尺比）λ。几何相似是保证船模阻力系数中与船型相关部分的阻力系数与实船相等的前提。弗劳德相似指船模在实验中的弗劳德数与实船航行时的弗劳德数相等，而对于给定船型而言，其兴波阻力系数仅是弗劳德数 Fr 的函数，即船舶的兴波阻力系数仅与弗劳德数 Fr 有关，因此弗劳德数相似主要是保证同一船型的船模与实船的兴波阻力系数相同。

船舶阻力按照航行过程中船体周围的流动现象和产生阻力的原因来分类，可分为摩擦阻力 R_f、兴波阻力 R_w 和粘压阻力 R_{pv} 三类，即总阻力 $R_t=R_f+R_w+R_{pv}$。而对于不同航速的船舶，这三类阻力成分所占的比重也并不一样，如对于低速船，摩擦阻力占 70% ~80%，粘压阻力占 10%，其余为兴波阻力；而对于高速船，摩擦阻力约占 50%，兴波阻力占 40% ~50%，粘压阻力仅占 5%左右。可以看出，无论是对于低速船还是对于高速船，粘压阻力所占比重均较小。而分析这三种阻力的影响因素可知，摩擦阻力主要是由于水的黏性产生的，因此摩擦阻力系数主要与船体和水之间的黏性有关，兴波阻力主要与弗劳德数和船体形状有关，而粘压阻力和水的黏性及船体形状均有关。从这可以看出，要满足船体的总阻力相似（即全相似），需在满足几何相似的基础上满足黏性相似（雷诺相似）和兴波相似（弗劳德相似）。假设船模的长度为 L_m，实验时的航速为 V_m，与之相对应的实船长度为 L_s，实船航速为 V_s，实船与船模的缩尺比为 λ，那么根据雷诺相似和弗劳德相似可分别得出

$$Re_m=\frac{L_m V_m}{\upsilon_m}=\frac{L_s V_s}{\upsilon_s}=Re_s \tag{4-1}$$

$$Fr_m=\frac{V_m}{\sqrt{gL_m}}=\frac{V_s}{\sqrt{gL_s}}=Fr_s \tag{4-2}$$

由式(4－1)和式(4－2)推导可得

$$\frac{V_s}{V_m}=\frac{L_m\upsilon_s}{L_s\upsilon_m}=\frac{1}{\lambda}\frac{\upsilon_s}{\upsilon_m} \tag{4-3}$$

$$\frac{V_s}{V_m}=\sqrt{\frac{L_s}{L_m}}=\sqrt{\lambda} \tag{4-4}$$

而由式(4－3)和式(4－4)可知，若满足全相似，则需满足

$$\sqrt{\lambda}=\frac{1}{\lambda}\frac{\upsilon_s}{\upsilon_m}$$

即

$$\lambda^{\frac{3}{2}}=\frac{\upsilon_s}{\upsilon_m}$$

由于 $\lambda>1$，υ_s 为水的运动黏性系数，因此若需满足全相似需在其他性质与水一致，仅运动黏性系数是水的 $\frac{1}{\lambda^{\frac{3}{2}}}$ 倍的液体中进行，由于几乎不存在这样的液体，且船模阻力实验通常是在水中完成的，因此在船模阻力实验是无法满足全相似定律的。

在以上介绍的三类船舶阻力成分中，摩擦阻力主要与水的黏性有关，其值大小与相当平板的摩擦阻力值相近，因此可近似认为船体的摩擦阻力等于相当平板的摩擦阻力；粘压阻力与水的黏性和船体的形状均有一定的关系，且粘压阻力在总阻力中所占的比重较小，因此可近似认为模型的粘压阻力系数与实船的粘压阻力系数相等；兴波阻力与弗劳德数 Fr 和船型均有较大的关系，其值大小没有一个较可靠公式或方式替代计算，且兴波阻力在总阻力中的占比也相对较大，不同船型的兴波阻力情况不一样，因此需要通过船模阻力实验来确定相应船型的兴波阻力系数，那么在不能满足全相似的情况下，需满足兴波相似即弗劳德相似以得出船舶的兴波阻力系数，来最终确定船舶的总阻力值。

由于在实验过程中仅满足了弗劳德数相等，雷诺数并不相等，因此根据船模实验得出的黏性阻力系数（主要指的是摩擦阻力系数）与实船的黏性阻力系数并不相等，仅有兴波阻力系数与实船的兴波阻力系数相等；而根据前面介绍，船模的粘压阻力系数可近似认为与实船的粘压阻力系数相等。由此可知，根据几何相似和弗劳德相似得出的船模阻力实验结果中，其摩擦阻力系数与实船不相等，而其兴波阻力系数和粘压阻力系数与实船相等，因此若将摩擦阻力单独列出，将兴波阻力和粘压阻力统一定义为总阻力中除摩擦阻力之外的剩余阻力 R_r，即 $R_r=R_w+R_{pv}$，这便是船舶阻力研究中曾经具有很大影响力的弗劳德阻力分类法。根据弗劳德阻力分类可知，船舶的总阻力为

$$R_t=R_f+R_r$$

即船舶的总阻力系数为

$$C_t=C_f+C_r \tag{4-5}$$

根据以上介绍，船模与实船的摩擦阻力系数不相同，即 $C_{fm}\neq C_{fs}$，船舶的摩擦阻力与相当平板的摩擦阻力相同，因此需根据平板阻力系数计算公式计算出船模及实船的相应摩擦阻力系数 C_{fm} 和 C_{fs}。根据实验结果计算船模的总阻力系数 C_{tm} 为

$$C_{tm}=\frac{R_{tm}}{0.5\rho V_m^2 S_m} \tag{4-6}$$

式中，V_m 为船模航速；S_m 为船模的湿表面积。

由此可计算出船模的剩余阻力系数 C_{rm} 为

$$C_{rm}=C_{tm}-C_{fm} \tag{4-7}$$

根据以上介绍，船模的剩余阻力系数与实船的剩余阻力系数相等，由此即可得到实船的剩余阻力系数 C_{rs} 为

$$C_{rs}=C_{rm} \tag{4-8}$$

由此，根据式（4-5）和式（4-8）可得出实船的总阻力系数 C_{ts} 为

$$C_{ts}=C_{fs}+C_{rs} \tag{4-9}$$

根据式（4-9）得出的实船总阻力系数即可求出实船在不同航速下的总阻力值，而根据

实船的总阻力值即可对船舶的快速性等水动力性能进行一下步分析与研究。

以上是船模阻力实验相关的原理及船模与实船之间阻力换算的原理介绍。

4.1.4　实验要求与步骤

1. 实验要求

(1)实验前认真预习本节中介绍的相关内容,了解船模阻力实验的意义及实验学习的目的,了解本实验所用到的仪器设备与材料工具等,并理解每一个设备或材料的用途。

(2)认真预习实验原理部分,理解本实验的原理,同时仔细回顾2.2节中的内容,理解船模阻力仪的相关知识内容。

(3)实验过程中需严格按照相关仪器设备的操作规程进行操作,对于不熟悉的设备不乱开机,不明白的功能不乱启用,同时在保证人身安全的前提下,注意保护实验仪器、设备等的安全。

(4)实验完成后将仪器设备拆卸归位,实验中用到的工具、材料等整理归位,实验过程中产生的垃圾分类收拾干净并带走。

2. 实验步骤

船模阻力实验可以在拖曳水池中完成,也可以在循环水槽中完成,无论在拖曳水池还是在循环水槽中完成该实验其原理相同,其不同之处在于实验表现形式。在拖曳水池中进行船模阻力实验时,船模安装在拖车上,实验过程中船模随拖车按不同航速前行,以测得船模在不同航速时的阻力值;而在循环水槽中进行船模阻力实验时,船模安装在循环水槽实验段的实验架上,实验过程中开启循环水槽动力段电机,使槽内水流以不同流速流过实验段内的船模,以测量船模在不同水流流速时的阻力值。从这可以看出,无论是在拖曳水池还是在循环水槽中进行船模阻力实验时,均是通过船模与流体之间的相对速度来测得船模在某一航速下的阻力值的,但其不同表现形式在于拖曳水池中的船模阻力实验是“水不动,船动”,而循环水槽中的船模阻力实验是“船不动,水动”。本书中介绍的船模阻力实验步骤是在循环水槽中完成,以循环水槽为实验基础的实验步骤。具体如下:

(1)实验前,计算船模排水量并制定船模拖曳航速方案:根据实船与船模的缩尺比λ计算船模排水量Δ_m,$\Delta_m = \Delta_s/\lambda^3$;根据实船的设计航速和弗劳德数$Fr$相等计算实验时船模的拖曳航速$V_m$,$V_m = V_s/\sqrt{\lambda}$。

(2)对循环水槽实验段内的水流速度进行标定:依次在循环水槽动力段电机不同转速的情况下,用毕托管流速测量装置对实验段内的若干点进行流速测量,而后取同一电机转速下的流速平均值作为该电机转速下实验段内水流的速度。

(3)加装激流丝:在船模的首垂线后$L/20$处沿船体外表面安装直径为1 mm的铜丝。

(4)船模配重及浮态调整:用天平(或摆称)测量裸船模的质量m_1,根据船模排水量和裸船模质量计算出所需配重的质量m_2,$m_2 = \Delta_m - m_1$,并选择合适配重物用天平准确测量各配重物的质量,留待备用;将船模吊放入循环水槽实验段中,在静水情况下向船模内部添加配重质量块,确保船模上所示的水线与水面重合或满足其他船模实验预设方案的要求(如:测量船模带一定纵倾角时的阻力值时,需在配重时通过调节配重质量块的位置来实现船模对于纵倾角的要求)。

(5)船模的固定和安装:船模浮态调整完成后,将其缓慢移动至循环水槽实验段的中心位置处,确保其处于两侧槽体壁面的中间,而后移动船模阻力仪(或阻力实验架),将其上连接有六分力天平的实验立柱底端与船模拖曳点处的连接板以螺栓固定,而后将前后导向杆一端固定在实验架上,另一端插入船模前后伸出的导向槽内。注意导向杆安装时其应距导向槽的前后两端一定的距离。

(6)测量水温:实验前后分别测量循环水槽内的水体温度,并记录至相应位置。

(7)开启设备准备测试实验数据:将测力天平、数据采集仪、工控机等相关设备依次连接好之后,开启数据采集仪并按要求对仪器进行预热,开启工控机和数据处理软件并按实验数据采集要求设置相关参数。

(8)启动循环水槽正式进行实验,测量船模的阻力数值:设备预热完成、数据采集程序参数设置完善之后,确定槽内水流和船模无外界干扰的情况下,对采集设备进行清零;清零完成后,开启水槽动力段电机,并缓慢调节电机转速,使其达到预定方案中水流流速所需的电机转速(缓慢调节电机转速的目的是使槽内水流能够平稳加速,以防止水流突然加速引起的振荡、波浪及飞溅等影响实验测试结果);将电机转速调节到预定转速之后,仔细观察槽内流体水面情况和船体周围流场情况,待槽内水流稳定后,开始采集实验数据,达到数据采集时长后停止采集,并读取这一采集周期内的数据平均值记录于相应位置;实验时,每一个速度工况下至少进行三次有效数据测量,并以这三次测量结果的平均值作为该航速时船模的阻力值。

(9)测量实验方案中不同速度工况时的船模阻力值:按照实验前制订的方案,依次重复步骤(8),直至测完所有工况。

(10)实验完成后关闭实验设备,拆卸实验中安装或连接的实验仪器和实验模型,拆卸完成后将实验过程中用到的所有设备、仪器、工具、材料等整理归位。

4.1.5　实验结果与处理

实验前槽内水温 t_1 =________℃,实验后槽内水温 t_2 =________℃。

实验时水温 t =________℃,流体密度 ρ =________ kg/m^3,运动黏性系数 υ =________ m^2/s。

船模阻力实验结果记录在表4-1中。

表4-1　船模阻力实验结果记录表

序号	弗劳德数 Fr	船模航速 $V_m/(m\cdot s^{-1})$	船模阻力值 R_1/N	船模阻力值 R_2/N	船模阻力值 R_3/N	船模阻力 R_m/N	备注
1							
2							
3							
4							

续表 4-1

序号	弗劳德数 Fr	船模航速 $V_m/(m\cdot s^{-1})$	船模阻力值 R_1/N	船模阻力值 R_2/N	船模阻力值 R_3/N	船模阻力 R_m/N	备注
5							
6							
7							
8							
9							
10							
11							
12							
…							

（1）根据实验前后测得的槽内水温 t_1 和 t_2，计算出实验时的水温 $t=(t_1+t_2)/2$；根据实验时的水温 t 查询附录 1 和附录 2，得出该温度时水的密度 ρ 和运动黏性系数 υ。

（2）根据表 4-1 中记录的每个航速工况下测得的三次船模阻力值 R_1、R_2 和 R_3，计算船模在每个航速工况下的阻力值 R_m，$R_m=(R_1+R_2+R_3)/3$。

（3）根据表 4-1 中的船模不同航速（即不同弗劳德数）时的阻力值，在图 4-1 中绘制船模的阻力曲线图。

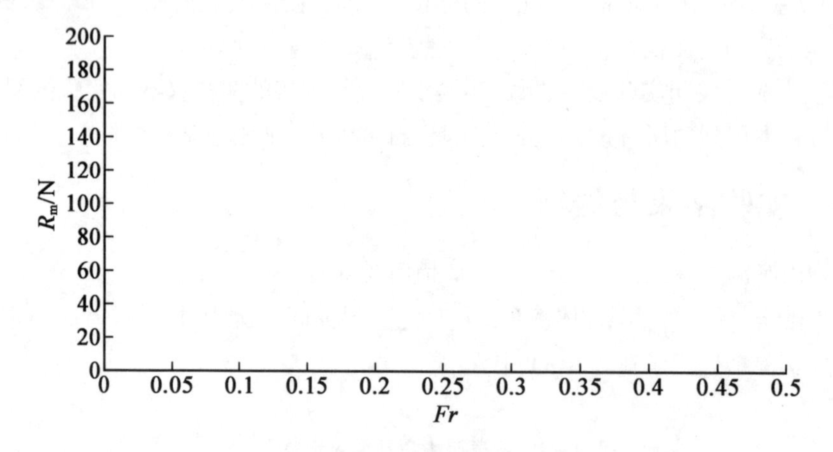

图 4-1　船模阻力曲线图

（4）将表 4-1 中计算出的船模在不同航速时的阻力值 R_m 分别对应填入表 4-2 中，并根据弗劳德数 Fr 计算出实船航速 V_s，并对应填入表 4-2 中。

表4-2　船模-实船阻力换算过程表

序号	弗劳德数 Fr	船模航速 V_m /(m·s^{-1})	船模阻力 R_m/N	船模阻力系数 C_{tm}	船模的摩擦阻力系数 C_{fm}	剩余阻力系数 C_r	实船摩擦阻力系数 C_{fs}	实船总阻力系数 C_{ts}	实船总阻力 R_s/N	实船航速 V_s/kn
1										
2										
3										
4										
5										
6										
7										
8										
9										
10										
11										
12										
…										

注:kn为节,1 kn=1.85 km/h。

(5)根据式(4-6)计算船模的总阻力系数 C_{tm};根据实验时温度查询得出的运动黏性系数 υ,计算船模在不同航速时的雷诺数 Re_m,根据实船的工作环境(如工作水域是海水还是淡水、环境水温等)查询其工作环境下所对应的水的运行黏性系数 υ_s,计算实船在对应航速下的雷诺数 Re_s。根据1957ITTC公式,$C_f=\dfrac{0.075}{(\lg Re-2)^2}$,分别计算船模与实船的摩擦阻力系数 C_{fm} 和 C_{fs},并与船模总阻力系数 C_{tm} 一起对应填入表4-2中。

(6)根据式(4-7)和式(4-8)计算该船型在不同航速时的剩余阻力系数 C_r;根据式(4-9)计算实船的总阻力系数 C_{ts},并将其与剩余阻力系数 C_r 一起对应填入表4-2中。

(7)根据上一步得到的实船总阻力系数 C_{ts} 计算实船的总阻力 R_s,$R_s=C_{ts}\dfrac{1}{2}\rho V_s^2 S_s$。

(8)根据表4-2中实船在不同航速(即不同弗劳德数)时的总阻力系数 C_{ts} 和总阻力值 R_s,分别在图4-2和图4-3中绘制实船的总阻力系数曲线和阻力曲线。

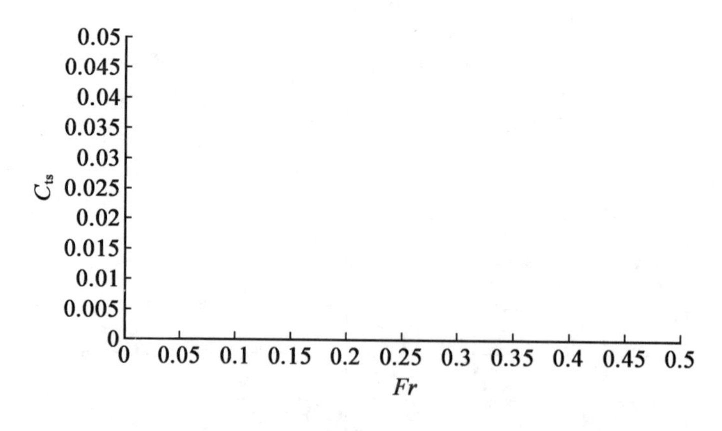

图 4 - 2　实船的总阻力系数曲线图

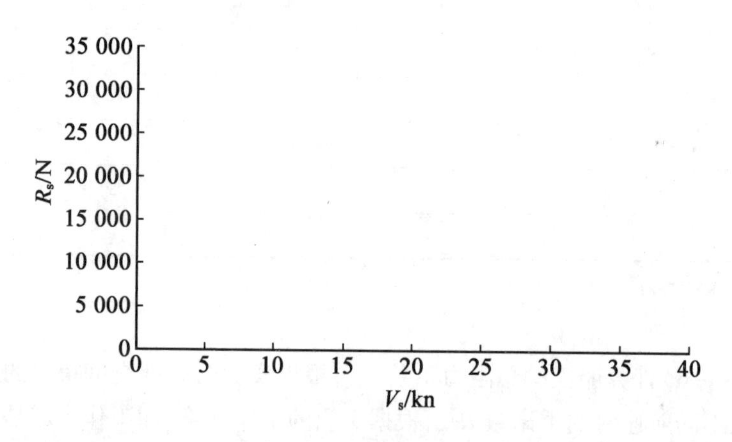

图 4 - 3　实船阻力曲线图

4.1.6　实验应用与思考

(1)设计船模阻力实验方案时其航速值如何确定?

(2)简述可完成船模阻力实验的水动力设施,并分析这些设施支撑船模阻力实验的优缺点。

(3)根据船模在循环水槽中的阻力实验方案,设计其在拖曳水池中进行阻力实验的方案。

(4)假设实验室中没有船模阻力仪,请设计在无船模阻力仪的情况下完成本节实验的方案(可适当设计相关实验装置)。

4.2　舵的水动力性能实验

舵是用来操纵和控制船舶方向的重要设备,它的水动力性能的好坏直接影响着船舶的操纵性能的优劣,并且其水动力性能还是选择舵机、计算舵杆直径的依据,同时也是船舶及航行器操纵性计算时不可或缺的原始资料。目前对于舵的水动力性能的研究方法主要有实验法、数值仿真法和经验估算法三种。经验估算法主要指的是对之前大量的舵翼水动力实验结果进行归纳总结,得出某类或者某些类舵翼的水动力经验计算公式,并根据这些经验公式求得新设计舵翼水动力性能参数的方法,此类方法的优点是计算简单方便,在对某些特定舵翼类型进行计算时其结果精度也相对比较高,缺点是适用范围比较窄,对前期实验结果的数据量要求较大,且实验结果的数据依赖性较高,同时对于非适用范围内的舵翼类型计算时其结果可信度较低。数值仿真法主要指的是通过 CFD 技术对新设计的舵翼进行水动力仿真计算,求得其水动力性能,此类方法的优点是适用范围广、研究成本相对较低,缺点是数值仿真计算假设条件相对较多,与舵翼的实际流场状态可能会存在着一定的差别,使得其结果精度与实验结果的精度相比差一些。实验法指的是在循环水槽、拖曳水池或循环水筒等水动力实验设施中对舵翼本体或模型进行实验测试,测量其水动力性能的一种方法,它的主要特点是测试结果与实际情况极为接近,可信度极高,但对实验设施和仪器设备有一定的要求,且成本相对较其他两种方法高很多。虽然实验法的成本较其他方法高,但是其测试结果的可信度也较其他方法高出很多,因此在进行新型舵翼研发或对舵翼水动力性能进行深入研究时,通常还是需要采用实验法进行研究或者至少进行数次实验以验证其他研究方法的可靠性。故而,舵的升、阻力实验是舵的水动力性能研究的基础,掌握了舵的升、阻力实验测试方法就能够掌握舵的水动力性能研究中最准确的一种方法,同时也有助于理解舵的水动力性能数值模拟方法及模拟方案的设计思想。

4.2.1　实验目的

(1)测绘舵的升力系数 - 攻角曲线($C_L-\alpha$ 曲线)、阻力系数 - 攻角曲线($C_D-\alpha$ 曲线)。验证攻角对舵效的影响规律。

(2)测量得到舵的临界攻角 α_{cr}。观察失速时升力和阻力的变化。

(3)测绘升力系数 - 上端面与水面距离关系曲线(C_L-d_1/h 曲线)。分析不同沉深下,自由液面对舵效的影响。

(4)熟悉本实验的测试原理及过程,并进一步了解本实验所用到的实验仪器、设备和它们的使用方法。

4.2.2　实验所用到的仪器设备

本实验所用到的仪器和设备主要有:循环水槽(或拖曳水池、循环水筒等)、六分力天平(六分力仪)、毕托管流速测量装置、数据采集仪、工控机、实验舵、攻角刻度盘、加紧、定位及校准部件等。

4.2.3 实验原理

船舵的展弦比一般在0.5～2.0之间，属小展弦比机翼，其表面不仅有沿弦向的纵向绕流，还有沿展向的横向绕流。敞水舵的水动力随攻角的变化曲线如图4－4所示。

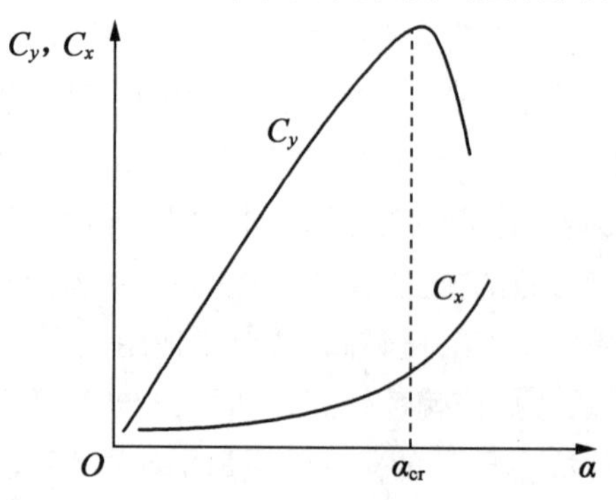

图4－4　升力系数和阻力系数随攻角的变化曲线

从图中可以看出，在某一攻角范围内，升力系数 C_y 随攻角 a 的增大而增加。当 α 较小时，C_y 与 α 呈线性关系；随着 α 的增大，C_y 和 α 不再保持线性关系，随着 α 继续增加，当舵叶背上水流产生大面积分离时，C_y 迅速下降，这种现象称为失速，该攻角称为临界攻角，用 α_{cr} 表示。展弦比为1的船舵，其临界攻角通常在30°稍多一些。而阻力系数 C_x 随攻角 α 的增大而增加，α 较小时增加较慢，在临界攻角 α_{cr} 附近开始迅速增大。

对于航速很低的船，根据流体力学原理，水面像一块镜面，当舵刚好接近水面时，根据映射原理，其实效展弦比是几何展弦比的两倍，因而提高了舵的升力系数。但是随着舵上端面距水面距离 d_1 的增加，这种影响迅速减小。计入自由液面的实效展弦比 λ_1 与几何展弦比 λ 的关系可写成：

$$\lambda_1 = \mu_1 \lambda \tag{4-10}$$

系数 μ_1 的大小如图4－5所示，低速船舵的水动力计算通常都以实效展弦比作为基础。

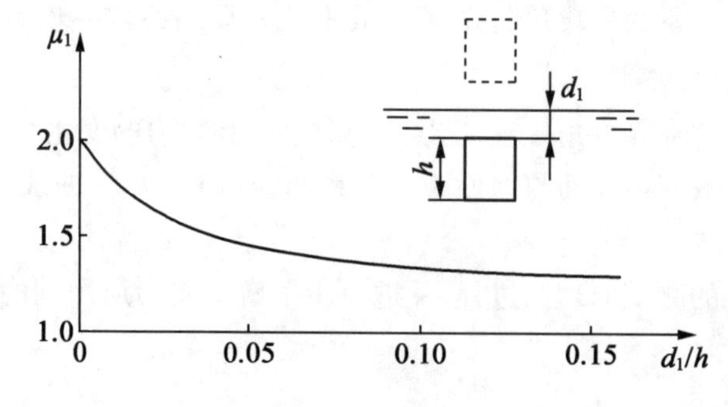

图4－5　μ_1 随浸深的变化曲线

据以上介绍，升力系数－攻角（$C_L-\alpha$）曲线、阻力系数－攻角（$C_D-\alpha$）曲线、临界攻角

(α_{cr})和低速情况下，舵的上端面距水面距离 d_1 不同时舵的升力系数 C_L 的值，即 $C_L - d_1$ 关系曲线等是舵的水动力性能研究中较为重要的参数量，因此实验也将主要对舵的这些水动力参数进行测量。实现舵的这些水动力性能参数测量的实验装置示意图如图 4-6 所示。该实验装置由安装平台、连杆、套筒、蝶形螺栓、刻度盘和实验舵体等部件组成。

实验时，安装平台与循环水槽工作段实验架(或拖曳水池拖车)以螺栓刚性连接在一起；套筒与安装平台固定连接在一起；连杆可以在套筒内自由转动以方便攻角调节，它与套筒通过蝶形螺栓固定，即当蝶形螺栓拧紧时，连杆与套筒固定相连，而当蝶形螺栓放松时，连杆可相对套筒转动；刻度盘分为上刻度盘和下刻度盘，其中上刻度盘以透明的亚克力板制成，其上标有标识线与舵的舷线重合，且与连杆固定相连，下刻度盘标有角度与套筒固定相连，当上刻度盘的标识线与下刻度盘上的 0°线重合时，舵的攻角为 0，实验时通过上刻度盘的标识线与下刻度盘的刻度线重合位置来确定舵在实验时的攻角。

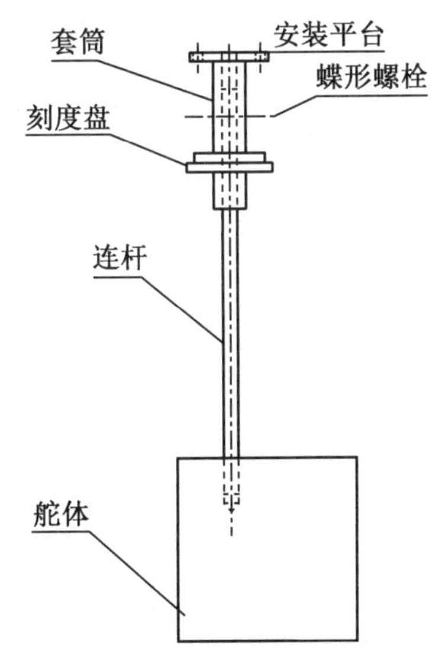

图 4-6　舵的水动力性能实验装置

实验过程中，调节舵的舷线与来流方向的夹角(即攻角)以测量舵在不同攻角时所受到的升力 L 及阻力 D 值，根据舵在同一来流速度下不同攻角时的 L 和 D 的值可求得舵的升力系数 C_L 和阻力系数 C_D 分别为

$$C_L = \frac{L}{\frac{1}{2}\rho V^2 A_R} \tag{4-11}$$

$$C_D = \frac{D}{\frac{1}{2}\rho V^2 A_R} \tag{4-12}$$

式中，V 为来流速度；A_R 为舵的中纵剖面面积。

根据以上两式计算得出的 C_L 值和 C_D 值，绘制 $C_L - \alpha$ 曲线和 $C_D - \alpha$ 曲线，确定临界攻角 α_{cr}的值，并在 α_{cr}附近以更小的攻角差值 $\Delta\alpha$ 再次在同一来流速度下进行实验，测量舵的

升力 L 和阻力 D,并计算 C_L 和 C_D 的值,将其代入 $C_L-\alpha$ 曲线和 $C_D-\alpha$ 曲线,查看 $C_L-\alpha$ 曲线的峰值点以及 $C_D-\alpha$ 曲线的斜率骤增点是否发生变化,以防止初始测量方案中攻角差值 $\Delta\alpha$ 过大造成的临界攻角偏移等现象。在这一步实验中,所需确定的实验测试工况的方案内容主要是实验测量时的攻角,由于本实验中的被测主体是舵,对于大部分舵而言其攻角在0°~35°之间,因此如无特殊说明在绝大多数情况下,可在0°~35°之间选择实验攻角的方案。对于初始方案,可以3°~5°为间隙,测量舵的升、阻力性能,在峰值点区间范围内可以1°甚至是0.5°为间隙测量舵的升、阻力性能,以保证舵的水动力性能测试结果的精确性和可靠性。

实验时,通过测量舵在固定攻角、固定低速来流情况下,其上端表面距水面距离 d_1 不同时的升力值 L,并根据式(4-11)计算舵在不同浸深时的升力系数 C_L。在设计浸深实验方案时,由于舵的大小不同,在同一浸深深度 d_1 时的效果也不尽相同,因此在分析浸深对于升力系数的影响时,通常是分析舵的升力系数 C_L 随 d_1/h 值的变化关系曲线,以此确定浸深对于舵效的影响,因此在确定实验测量工况的方案时也应以 d_1/h 值为标准来确定舵的上端表面距水面的距离 d_1 的值。

舵的水动力性能实验方案即可依照以上原理进行设计并实施完成。

4.2.4 实验步骤与要求

1. 实验要求

舵的水动力性能测试需要在拖曳水池或循环水槽中完成,因此对舵、翼进行水动力测试时,只有小型舵、翼才可以实现全尺度测量,大型舵、翼则只能进行模型实验,因此舵、翼水动力性能的实验要求与其他模型实验的要求相似。

(1)阅读本节中的内容,了解本实验的目的、意义以及所用到的仪器设备等,理解舵的水动力性能实验的原理、步骤以及实验结果处理方法。

(2)实验需在特定的水动力实验室内完成,相应的水动力实验设施中水体较深,水流相对速度较大,且水动力实验室内的基础实验设备通常为高压电或动力电,因此实验时要注意人身安全,做到不懂的不乱碰,不熟悉的设备不乱开机。

(3)在保证人身安全的前提下,要注意保护好实验仪器、设备等的安全,对于用不到的设备不乱动,用不到的开关不乱碰。

(4)实验完成后,将用到的仪器、设备关闭后拆卸并归位,将用到的工具及材料等整理归位,将过程中产生的垃圾分类收拾干净后带走。

2. 实验步骤

(1)实验开始前的模型安装和校准。

a. 先将校准平板上的标记线与舵的上端面上的弦线(已划出)相重合,然后用螺栓将二者固定,如图4-7所示。

b. 将激光笔安放在校准平板的合适位置,保证激光光线与板上的标记线相平行,然后将激光笔与校准平板胶粘固定,如图4-8所示。

c. 转动连杆,使激光光线平行水槽的中线,这样可以保证舵的弦线与水槽中线近似平行,这时的攻角即为0°攻角。

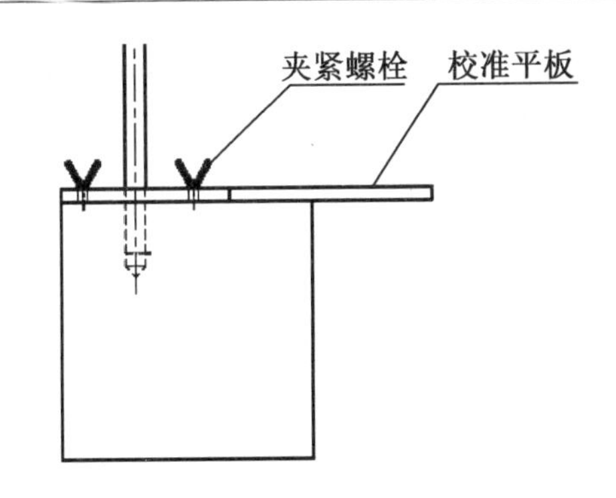

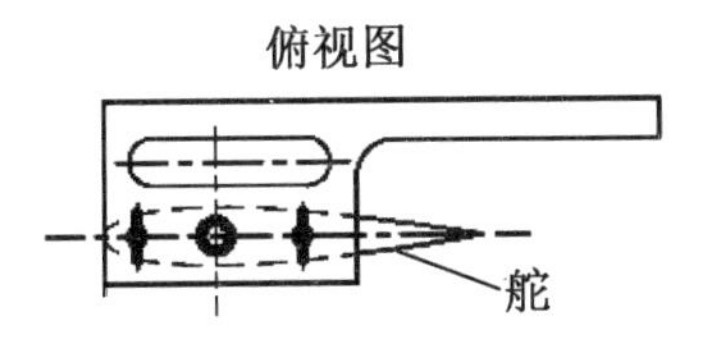

图4-7　校准平板和舵的连接示意图

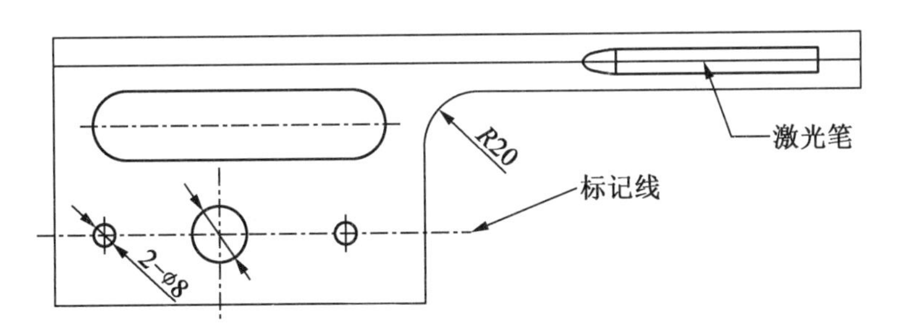

图4-8　激光笔和校准平板相对位置连接示意图

d. 在支座与六分力天平的连接处用油漆笔画线做标记，这样以后再进行实验时不必再进行校准，只需要把油漆标记对上即可。

(2)对相应设备进行标定。

a. 利用毕托管流速测量装置对水槽流速进行标定，确定动力段电机转速和工作段水流流速之间的关系曲线。

b. 对六分力仪进行标定，确定各分力和输出电压之间的关系曲线。

(3)按照实验方案中确定的水流流速(流速方案可根据舵的大小及其他相关情况确定，对于小型舵模型可确定为1～2 m/s的某一定值)，根据电机转速和水流流速之间的关系曲线开启循环水槽动力段电机，并调节其达到相应的转速，同时利用毕托管测量水槽工作段处的水流流速，待水流流速平稳后，测量舵在0°攻角时的升力值L和阻力值D，并记录。

(4)保持舵的浸深不变，旋转舵杆，根据实验装置上的上下两个刻度盘依次调整舵的攻角大小，而后开启水槽动力段电机，使工作段水流达到方案中的预定流速，分别测量舵在5°、10°、15°、20°、25°、28°、30°、32°、35°攻角下的升力值L和阻力值D，并记录。

(5)将实验舵调整至某一攻角(如10°、15°、20°等)，调节舵的浸深，使其上端面与水表面恰好重合，即上端面与水表面的距离 d_1 为 0，参照电机转速与水流流速之间的关系曲线，开启动力段电机并调整其转速，使水槽工作段水流达到实验方案中的预定流速，测量 d_1/h 为 0 时舵的升力值 L，并记录。

（6）保持舵的攻角不变，根据预定实验方案中的 d_1/h 值（方案中的 d_1/h 值可设定为 0.025、0.05、0.075、0.1、0.15、0.2 等），计算舵的上端面与水表面之间的距离值 d_1，并依次调节舵的浸深使其达到 d_1 值，而后重复步骤（5）中实验数据测量部分的内容，并记录相关实验数据。

（7）实验完成后关闭实验设备，拆卸实验中安装或连接的实验仪器和实验模型，并擦干其上水渍，而后将实验过程中用到的所有设备、仪器、工具、材料等整理归位。

4.2.5　实验结果与处理

将实验过程中测得的数据分别填入表 4-3 和表 4-4 中对应的位置处。

表 4-3　舵在不同攻角下的升力和阻力结果记录表

序号	攻角/(°)	来流速度 $V/(\mathrm{m\cdot s^{-1}})$	升力值 L/N	阻力值 D/N	升力系数 C_L	阻力系数 C_D
1	0					
2	5					
3	10					
4	15					
5	20					
6	25					
7	28					
8	29					
9	30					
10	31					
11	32					
12	35					
…	…					

表 4-4　舵在某一攻角下不同 d_1/h 值时的升力结果记录表

序号	d_1/h	来流速度 $V/(\mathrm{m\cdot s^{-1}})$	升力值 L	升力系数 C_L
1	0			
2	0.025			
3	0.05			
4	0.075			

续表 4-4

序号	d_1/h	来流速度 $V/(\mathrm{m\cdot s^{-1}})$	升力值 L	升力系数 C_L
5	0.1			
6	0.15			
7	0.2			
…	…			

(1)实验数据可靠性分析。对于循环水槽而言,虽然理论上根据 $N-v$ 曲线将电机转速调节到 N_1 时,工作段处的水流流速将会达到 V_1,但是由于电机运行时其转速未必能一直稳定在 N_1 不变,同时水流需流经水槽不同的功能分段,可能会造成流速存在跳动或偏差,因此实验时同样需要采集实验过程中工作段处水流的流速,且须分析流速数据,若仅是在 V_1 值附近小幅度的变动,则采集的实验数据即可认为是有效的;若实际流速值与 V_1 值差别过大,则需将该组数据放弃重新测量。后续在进行数据处理求解 C_L 和 C_D 的值时,需用实际流速值,而非理论流速值。

(2)根据舵的几何参数计算其中纵剖面的面积 A_R,$A_R=hb_m$,其中,h 为舵高,b_m 为平均舵宽。

(3)根据实验过程中填入到表 4-3 中的舵在不同攻角下的升力值 L 和阻力值 D,依据式(4-11)和式(4-12)分别计算舵在不同攻角时的升力系数 C_L 和阻力系数 C_D,并将其填入表 4-3 中的对应位置处。

(4)根据表 4-3 中舵在不同攻角时的升力系数 C_L 和阻力系数 C_D 分别在图 4-9 和图 4-10 中绘制舵的升力系数曲线(即 $C_L-\alpha$ 曲线)和阻力系数曲线(即 $C_D-\alpha$ 曲线)。

(5)根据图 4-9 和图 4-10 中绘制的升力系数曲线和阻力系数曲线确定实验舵的临界攻角 α_{cr}的值,$\alpha_{cr}=$ ________。

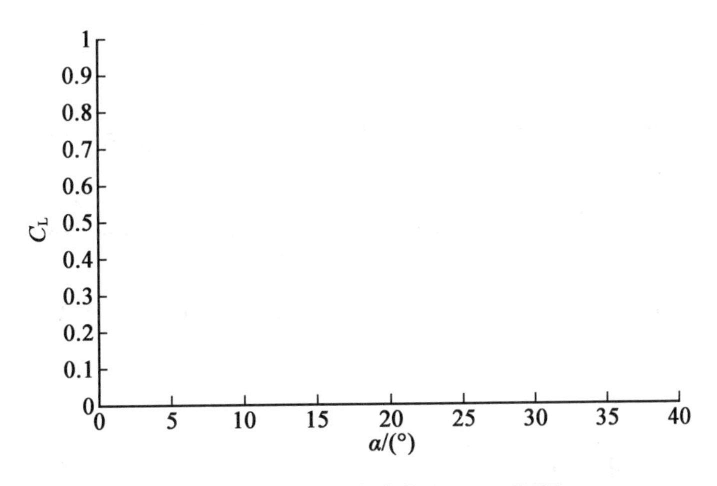

图 4-9　升力系数曲线($C_L-\alpha$ 曲线)

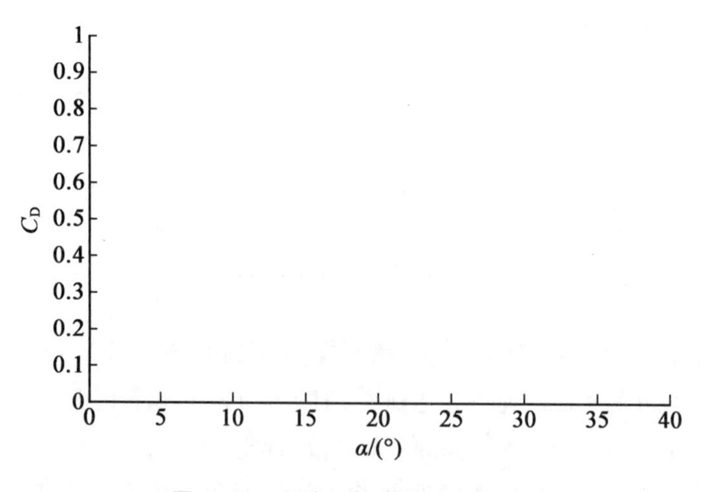

图 4-10　阻力系数曲线($C_D-\alpha$ 曲线)

(6)将实验过程中第(5)、(6)步测得的结果数据填入到表 4-4 中,而后根据表中舵在某一攻角下不同 d_1/h 值时的升力值 L,依据式(4-11)分别计算不同 d_1/h 值时的升力系数 C_L 值,并填入相应位置。

(7)根据表 4-4 中的数据在图 4-11 中绘制舵在某一攻角下升力系数 C_L 随 d_1/h 值变化时的关系曲线(即 C_L-d_1/h 曲线)。

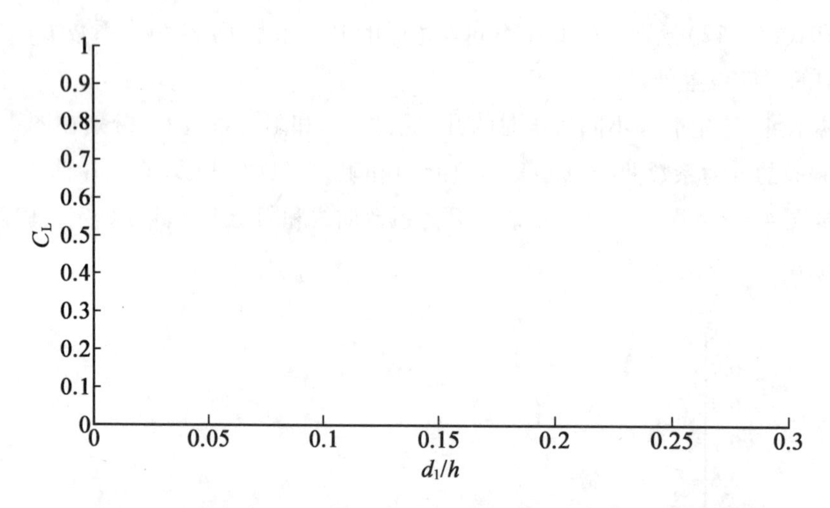

图 4-11　舵的升力系数随 d_1/h 值变化的关系曲线(C_L-d_1/h 曲线)

(8)根据 $C_L-\alpha$ 曲线和 $C_D-\alpha$ 曲线分析攻角对于舵效的影响,并观察临界攻角 α_{cr} 附近升力及阻力的变化规律;根据 C_L-d_1/h 曲线分析舵在不同浸深时,自由液面对于舵效的影响情况。

4.2.6　实验应用与思考

(1)写出计算不同舵角受力的经验公式,并将实验结果与经验公式的计算结果进行比对,分析结果差值产生的原因。

(2)舵的类型都有哪些?分别有什么特点?对于不同的舵实验时会有什么不同的要求?

(3)实际工程中舵的受力可以采用哪些方法研究?这些方法的优缺点都分别是什么?

(4)现有一水翼需要通过实验的方法来确定其在不同攻角时的受力情况,请参照本节中的内容设计实验方案实现这一要求。

4.3　螺旋桨敞水实验

螺旋桨是影响船舶运动性能的重要部件,其水动力性能的优劣对于船舶的快速性和操纵性能等均有较大的影响。目前对于螺旋桨水动力性能的预报方法主要有经验估算法、数值仿真法和模型实验法三大类,这与船舶的阻力性能预报、操纵性能预报以及舵的水动力性能预报等其他船海设备水动力性能的预报方法类型也较为相似,因此,螺旋桨水动力性能预报的这三类方法的特点也与其他船海设备水动力性能预报的特点相似。在这三大类预报方法中模型实验法依然是最可靠、最准确的方法,同时大量的模型实验结果也是经验估算法的前提,并且数值仿真法也是依据实验工况简化实验内容和条件等,而后进行仿真计算以得到螺旋桨水动力性能参数的。因此,不难看出实验法是螺旋桨水动力性能研究的基础,掌握了螺旋桨水动力性能实验能加深对于经验估算法中所用到的图表或参数等的理解,同时也能够更加深刻地理解螺旋桨水动力性能研究的数值仿真法。

螺旋桨模型单独在均匀水流中运转以测得其特性曲线的实验称为螺旋桨敞水实验,该实验可在拖曳水池、循环水槽以及循环水筒等水动力实验设施中完成。实验时,若想测得螺旋桨较为全面的性能需有足够大范围的进速系数。在各类水动力实验设施中,能够实现以不同进速系数测量的方法有以下两种:(1)保持模型的转速不变,以不同的进速进行实验;(2)保持模型的进速不变,以不同的转速进行实验。在这两种方法中,由于螺旋桨的转速不能无限增大,因此第二种方法不能得到进速系数为0时的螺旋桨性能情况,且其可实现的进速系数范围要比第一种方法小一些。但是在实验的过程中改变螺旋桨转速通常要比改变其进速更加方便(如在循环水槽或循环水筒中进行实验时,可长时间保持实验设施工作段处水流不变依次改变螺旋桨转速以测得其特性曲线),因此在进行螺旋桨敞水实验时,为保证能够有较大的进速系数测量范围,通常都会采用第一种方法,根据不同实验设施的特点,有时也会将第一种方法和第二种方法结合使用以更方便地完成实验内容。

4.3.1　实验目的

(1)了解螺旋桨敞水实验的目的和意义,并理解实验的原理、步骤和所用到的各个实验仪器、设备的作用。

(2)测量螺旋桨单独工作时的特性,包括螺旋桨的推力系数、扭矩系数和敞水效率等性能参数,为模型自航实验以及实际航行器的操纵性能预报提供螺旋桨敞水特性曲线和其他相关必要参数。

(3)研究不同几何特性参数对于螺旋桨水动力性能的影响,建立螺旋桨设计图谱,为螺旋桨的设计、改进和优化等提供实验支撑。

(4)掌握本实验的内容和实验设备的具体使用方法,提高实验者的实践动手能力、工程实验素养和科学研究技能等。

4.3.2　实验所用到的仪器设备

本实验所用到的仪器设备主要有:循环水槽(或拖曳水池、循环水筒)、敞水动力仪、数据采集仪、螺旋桨模、毕托管流速测量装置、水温计等。

4.3.3　实验原理

理论上,模型实验需要满足全相似条件才能完整地反映出实际物体的相关性能,但是与船模阻力实验中的分析相类似,螺旋桨模型敞水实验中亦是无法同时满足雷诺相似和弗劳德相似,因而该实验也无法满足全相似的要求,故在制订实验方案之前需提前确定模型实验所需满足的相似条件。在螺旋桨模型敞水实验中,所需满足的相似条件主要有几何相似、运动相似和动力相似三大类,其中几何相似即是模型与实桨之间的外部轮廓形状完全相似,仅尺寸大小不同,即实桨与桨模之间存在大小为 λ 的缩尺比。

$$\lambda = \frac{D_s}{D_m} \tag{4-13}$$

式中,D_s 为实桨的直径;D_m 为桨模的直径。

在螺旋桨敞水实验中,最终所要测出的螺旋桨特性主要是推力系数 K_T、扭矩系数 K_Q 和敞水效率 η_0,根据影响这些特性值的参数可分别列出这些特性值的函数表达式如式(4-14)所示。由式(4-14)可以看出,螺旋桨的推力系数 K_T、扭矩系数 K_Q 和敞水效率 η_0 均与进速系数 J、雷诺数 Re 和弗劳德数 Fr 有关,因此若想通过模型敞水实验得到完整的实桨特性则需满足进速系数相等、雷诺数相等、弗劳德数相等等条件。

$$\begin{aligned}
K_T &= \frac{T}{\rho n^2 D^4} = f_1(J, Re, Fr^2) = f_1\left(\frac{V_A}{nD}, \frac{nD^2}{\upsilon}, \frac{n^2 D^2}{gD}\right) \\
K_Q &= \frac{Q}{\rho n^2 D^5} = f_2(J, Re, Fr^2) = f_2\left(\frac{V_A}{nD}, \frac{nD^2}{\upsilon}, \frac{n^2 D^2}{gD}\right) \\
\eta_0 &= \frac{K_T}{K_Q} \cdot \frac{J}{2\pi} = f_3(J, Re, Fr^2) = f_3\left(\frac{V_A}{nD}, \frac{nD^2}{\upsilon}, \frac{n^2 D^2}{gD}\right)
\end{aligned} \tag{4-14}$$

在本实验中进速系数 J 相等即是运动相似条件,即该条件下需满足以下公式:

$$J_m = J_s = \frac{V_{Am}}{n_m D_m} = \frac{V_{As}}{n_s D_s} \tag{4-15}$$

式中,V_{Am}、n_m 和 D_m 分别为桨模的进速、转速和直径;V_{As}、n_s 和 D_s 分别为实桨的进速、转速和直径。

雷诺数相等(即雷诺相似)和弗劳德数相等(即弗劳德相似)是本实验中的动力相似条件,若同时满足这两个相似条件则需以下两式同时成立:

$$Re_{\mathrm{m}} = Re_{\mathrm{s}} = \frac{n_{\mathrm{m}} D_{\mathrm{m}}^2}{v_{\mathrm{m}}} = \frac{n_{\mathrm{s}} D_{\mathrm{s}}^2}{v_{\mathrm{s}}}$$

$$Fr_{\mathrm{m}}^2 = Fr_{\mathrm{s}}^2 = \frac{n_{\mathrm{m}}^2 D_{\mathrm{m}}^2}{g D_{\mathrm{m}}} = \frac{n_{\mathrm{s}}^2 D_{\mathrm{s}}^2}{g D_{\mathrm{s}}}$$

由于敞水实验的实验环境也是在水中，因此$\frac{v_{\mathrm{m}}}{v_{\mathrm{s}}}$的值近似为 1，由此将以上两式简化可得

$$\frac{n_{\mathrm{m}}}{n_{\mathrm{s}}} = \frac{v_{\mathrm{m}}}{v_{\mathrm{s}}} \cdot \frac{D_{\mathrm{s}}^2}{D_{\mathrm{m}}^2} = \frac{v_{\mathrm{m}}}{v_{\mathrm{s}}} \cdot \lambda^2 = \lambda^2$$

$$\frac{n_{\mathrm{m}}}{n_{\mathrm{s}}} = \sqrt{\frac{D_{\mathrm{s}}}{D_{\mathrm{m}}}} = \sqrt{\lambda}$$

由于缩尺比 $\lambda > 1$，因此以上两式无法同时满足，故而实验过程中无法同时实现雷诺相似和弗劳德相似。雷诺相似在本实验中又称为黏性相似条件，它主要是用来满足实桨与模型之间的黏性因素影响效果相似；弗劳德相似在本实验中又称为重力相似条件，它主要是用来保证兴波对于实桨和模型之间的影响效果相似，当螺旋桨浸没足够深时（通常桨轴的沉没深度 $h_{\mathrm{s}} > 0.625D$ 时可认为浸没足够深，其中 D 为螺旋桨的直径），兴波对于螺旋桨的影响可以忽略，在这种实验条件下可不考虑弗劳德数的影响，只需满足雷诺相似条件即可。

根据以上分析可知，螺旋桨敞水实验需满足的相似条件总结如下：

几何相似条件：$\lambda = \frac{D_{\mathrm{s}}}{D_{\mathrm{m}}}$。

运动相似条件，即进速系数相等：$\frac{V_{\mathrm{Am}}}{n_{\mathrm{m}} D_{\mathrm{m}}} = \frac{V_{\mathrm{As}}}{n_{\mathrm{s}} D_{\mathrm{s}}}$。

动力相似条件，即雷诺数相等：$\frac{n_{\mathrm{m}} D_{\mathrm{m}}^2}{v_{\mathrm{m}}} = \frac{n_{\mathrm{s}} D_{\mathrm{s}}^2}{v_{\mathrm{s}}}$。

假设实桨和桨模在同一性质流体下运转，则由以上的相似条件可得

$$\begin{cases} \dfrac{n_{\mathrm{m}}}{n_{\mathrm{s}}} = \dfrac{V_{\mathrm{Am}}}{V_{\mathrm{As}}} \cdot \dfrac{D_{\mathrm{s}}}{D_{\mathrm{m}}} = \dfrac{V_{\mathrm{Am}}}{V_{\mathrm{As}}} \cdot \lambda \\ \dfrac{n_{\mathrm{m}}}{n_{\mathrm{s}}} = \dfrac{v_{\mathrm{m}}}{v_{\mathrm{s}}} \cdot \dfrac{D_{\mathrm{s}}^2}{D_{\mathrm{m}}^2} = \lambda^2 \end{cases} \tag{4-16}$$

由式（4－16）可知，实验时的桨模进速和转速分别为

$$\begin{cases} V_{\mathrm{Am}} = \lambda \cdot V_{\mathrm{As}} \\ n_{\mathrm{m}} = \lambda^2 \cdot n_{\mathrm{s}} \end{cases} \tag{4-17}$$

在设计本实验的方案时需要注意，为避免严重的黏性尺度效应，实验时桨模的雷诺数需大于某一临界值，该值在本实验中通常称为临界雷诺数。经过大量的实验验证，当桨模雷诺数大于 3×10^5 时，同一进速系数下，螺旋桨的敞水特征值几乎不变，即当桨模的雷诺数大于 3×10^5 时，可较大程度上避免螺旋桨黏性尺度效应的影响，因此该值即是大部分传统螺旋桨敞水实验时的临界雷诺数。较为常用的螺旋桨雷诺数表达形式主要有特征叶宽雷诺数和平均叶宽雷诺数等，螺旋桨敞水实验中的雷诺数计算可采用特征叶宽雷诺数的形式，该形式也

是 ITTC 推荐的螺旋桨雷诺数计算形式，其表达式为

$$Re = \frac{b_{0.75R}\sqrt{V_A^2 + (0.75\pi \cdot nD)^2}}{\upsilon} \tag{4-18}$$

式中，$b_{0.75R}$为 0.75 半径处叶切面的弦长；υ 为水的运动黏性系数。

实验方案设计时，首先要根据以上介绍的临界雷诺数和实验桨模的相关参数计算出桨模的最低转速，并估算出进速系数 J 为 0 时桨模能够发出的最大推力值以及其吸收的转矩值，确保实验结果在敞水动力仪测量天平的量程之内，以制订合理的实验方案。

设计实验方案时，若采用桨模转速不变调整进速的实验方式，则可首先选择一个合适的螺旋桨实际转速 N_s，并据此计算出实验时桨模的转速 N_m，而后根据螺旋桨的使用范围和实际使用情况选择一系列合适的计算值，即 $V_{As1}, V_{As2}, V_{As3}, \cdots$，并据此计算出实验时桨模的进速值 $V_{Am1}, V_{Am2}, V_{Am3}, \cdots$。

同理，若采用进速不变调整转速的实验方式时，则在实验方案的设计过程中需根据实际桨的使用情况选择合适的进速 V_{As}，并据此求出实验时桨模的进速 V_{Am}，而后根据实际情况选择一系列实际桨的转速，并据此求出实验时桨模的转速。由式(4－17)可知，桨模转速是实桨转速的 λ^2 倍，且实验过程中用到的敞水动力仪的转速有最大值的限制，因此当采用进速不变调整转速的实验方式时，无法选择足够大的 n_s 值以测量螺旋桨在进速系数为 0 或进速系数足够小时的敞水特性，故而在设计螺旋桨敞水实验方案时，通常不会单独采用该方式，而是将桨模转速不变调整进速和桨模进速不变调整转速这两种方式结合，以实现螺旋桨敞水特征性能的完整测量。

4.3.4　实验要求与步骤

1. 实验要求

(1) 仔细阅读 2.3 节中的内容，理解本实验所用到的主要仪器设备——敞水动力仪的种类和工作原理。

(2) 认真阅读本节前文中的内容，了解本实验的目的、用到的仪器设备和材料以及实验原理等内容，并能够根据前文内容独立设计螺旋桨敞水实验的方案。

(3) 熟练掌握本实验用到的仪器设备的操作过程，且在使用仪器设备时要做到“不会用的不乱用，用不到的不启动”，以保障实验操作人员的人身安全和用到设备的安全。

(4) 实验完成后，检查实验结果，确认无误后将实验过程中用到的仪器设备和模型等拆卸后归位，将用到的工具和材料等整理后归位，将实验过程中产生的垃圾分类后带出实验室。

2. 实验步骤

(1) 实验前，对本实验用到的仪器和设备等进行标定。

a. 用毕托管流速测量装置对循环水槽的流速进行标定，确定水槽动力段电机转速 N 和工作段水流流速 V 之间的关系曲线(即 $N-V$ 曲线)。

b. 对螺旋桨敞水动力仪进行校验和标定。

(2)安装实验设备和模型。

a. 将标定好的敞水动力仪安装在循环水槽工作段台架上(或拖曳水池的拖车上)。

b. 将实验桨模安装在敞水动力仪上,安装时注意桨模的叶背朝前(即桨模叶背朝向与来流方向相反),桨模安装、调整完成后安装导流帽。

c. 待实验设备和模型安装、调整完成后,将实验桨模浸入水中,为消除兴波影响以保证实验结果的精度,桨轴的浸没深度要不小于桨模直径。

d. 将敞水动力仪上测量推力和扭矩的天平接线连接到数据采集仪上。

(3)在实验正式开始前,用水温计测量水槽(或水筒、水池)内水的温度值 t_1。

(4)开启所有仪器进行预热,预热完成后开启数据采集仪的配套软件,并进行平衡、清零。

(5)由于桨模转速 n 不会无限增大,因此测量 $J=0$ 时的敞水特征值时,只能采用进速 $V_A=0$ 的方式,故这一步可以先完成 $V_A=0$ 时的测量,即调节敞水动力仪,将螺旋桨转速调节至实验方案中预设的转速,待水流、转速等尽皆稳定后读取实验结果值(即推力 T_1 和扭矩 Q_1),并将其填到实验结果记录表中的相应位置处。结果记录在表 4-5 中。

(6)按照实验方案,开启水槽动力段电机使工作段水流达到实验方案中螺旋桨进速的要求,而后开启敞水动力仪,并使螺旋桨转速达到方案中的预定转速,待水流及螺旋桨转速均稳定后,读取实验桨模发出的推力值 T_1 和吸收的扭矩值 Q_1,并填入到相应位置处。

(7)根据预定实验方案,依次重复步骤(6)直至所有实验工况均测试完成为止。

(8)实验完成后,用水温计测量水槽内水体的温度并记录,而后将实验过程中用到的设备、仪器和模型等拆卸后归位,将用到的工具和材料等整理后归位,将实验过程中产生的垃圾分类整理后带出实验室。

4.3.5　实验结果与处理

将实验过程中测得的数据值分别填入到对应位置处。结果记录在表 4-5 中。

实验前槽内水温 t_1 = ________℃,实验后槽内水温 t_2 = ________℃。

实验时水温 t = ________℃,流体密度 ρ = ________ kg/m^3。

表 4-5　螺旋桨敞水实验结果记录表

序号	桨模进速 $V_m/(m \cdot s^{-1})$	桨模转速 $n_s/(r \cdot s^{-1})$	桨模推力 T/N	桨模扭矩 $Q/(N \cdot m)$	备注
1					
2					
3					
4					
5					
6					
7					
8					

续表 4 – 5

序号	桨模进速 V_m/(m·s^{-1})	桨模转速 n_s/(r·s^{-1})	桨模推力 T/N	桨模扭矩 Q/(N·m)	备注
9					
10					
11					
12					
13					
14					
15					
…					

(1)根据实验前后测得的水温值 t_1 和 t_2,计算出实验时的水温值 t,$t=(t_1+t_2)/2$,并根据实验时的水温值 t 查询附录1,得出该温度时水的密度值,并记录。

(2)根据式(4 – 15)以及表 4 – 5 中的实验桨模的进速和转速,计算桨模的进速系数 J,填至表 4 – 6 中,并将对应进速系数下的桨模推力 T 和扭矩 Q 也填到相应位置处。

表 4 – 6　螺旋桨敞水特征结果数值表

序号	进速系数 J	桨模推力 T/N	桨模扭矩 Q/(N·m)	推力系数 K_T	扭矩系数 K_Q	$10K_Q$	敞水效率 η_0	备注
1								
2								
3								
4								
5								
6								
7								
8								
9								
10								
11								
12								
13								
14								
15								
…								

(3)根据表4-6中的进速系数J、桨模推力T、桨模扭矩Q以及式(4-14)计算出桨模的推力系数K_T、扭矩系数K_Q和敞水效率η_0,并将其填入到对应位置处,同时将扭矩系数K_Q乘以10得到$10K_Q$,也填入到对应位置处。

(4)根据表4-6中的进速系数J、推力系数K_T、10倍扭矩系数$10K_Q$和敞水效率η_0等的值在图4-12中绘制实验桨模的敞水特征曲线。

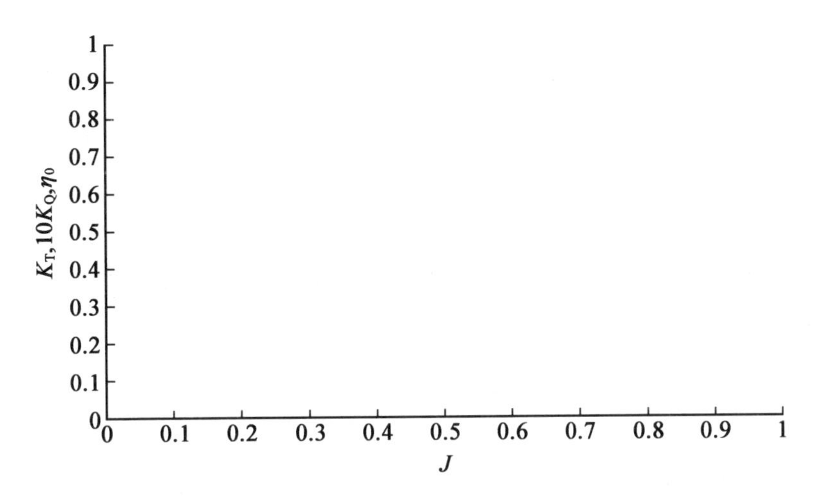

图4-12　螺旋桨敞水特征曲线

(5)桨模与实桨尺寸上的差异,使用模型实验结果预报实桨的特征性能时需要考虑尺度效应的影响,因此实桨的特征性能数值需要在桨模的特征性能数值上进行一定的修正,修正方法可采用1978年ITTC推荐的方法,即

$$K_{Ts} = K_{Tm} + \Delta K_T$$
$$K_{Qs} = K_{Qm} - \Delta K_Q \tag{4-19}$$

式中,ΔK_T和ΔK_Q的计算公式如下:

$$\Delta K_T = -0.3\Delta C_D\left(\frac{P}{D}\right)\left(\frac{b}{D}\right)Z$$
$$\Delta K_Q = 0.25\Delta C_D\left(\frac{b}{D}\right)Z \tag{4-20}$$

式中,Z为螺旋桨的叶数;P/D为0.75R处的螺距比;b/D为0.75R处切面的弦长与螺旋桨直径之比;ΔC_D为桨模与实桨在0.75R处切面的阻力系数之差,即

$$\Delta C_D = C_{Dm} - C_{Ds}$$

式中,C_{Dm}和C_{Ds}可以下列公式进行计算:

$$C_{Dm} = 2\left(1+2\frac{t}{b}\right)\left[\frac{0.044}{Re^{1/6}} - \frac{5}{Re^{2/3}}\right]$$
$$C_{Ds} = 2\left(1+2\frac{t}{b}\right)\left[1.89+1.62\lg\frac{b}{K_p}\right]^{-2.5}$$

式中,b为0.75R处切面的弦长;t/b为0.75R处切面的厚度比;Re为0.75R处的雷诺数;K_p

为实桨的表面粗糙度，一般情况下可取 $K_p = 3 \times 10^{-6}$ m。

4.3.6 实验应用与思考

（1）在哪些情况下需要用到螺旋桨的敞水特征性能参数？

（2）目前螺旋桨的种类都有哪些？这些螺旋桨分别都有什么特点？分析本实验可否用于测量这些螺旋桨的敞水特征性能？

（3）简述利用经验估算法和数值仿真法预估螺旋桨敞水特征性能的方法和流程。

（4）现有一直径 4.5 m 的螺旋桨，想在工作段截面为 1.8 m×1.8 m、工作段水流流速范围为 0.1～2.2 m/s 的循环水槽中进行实验以分析其敞水特征性能，请设计实验方案，描述实验流程和实验结果的处理过程。

4.4 基于航行器垂直面运动的操纵性水动力性能测试实验

随着世界各国对于海洋的重视程度越来越高，对于海平面以下的海洋资源的利用与开发比重也逐渐增大，同时人们对于海洋的认知也逐渐由平面转向立体，这个过程中少不了水下航行器的功劳。目前虽然世界上各大海洋强国均在大力开发水下航行器以探索广袤无垠的海洋，但是相较于规模、体量如此庞大的海洋而言，现有的水下航行器数量远远不够，这主要是因为现在的水下航行器技术还不足以保证航行器能够在复杂多变的深海环境中长时间安全运行，而限制航行器在深海中长时间安全运行的技术瓶颈有很多，其中与水动力性能息息相关的主要是航行器的机动性和续航能力等，而航行器的机动性又与其动力性能和操纵性密切相关。其中，航行器的动力性能主要由动力机械（如，电机、油机等）和推进装置（如喷水系统或螺旋桨等）的性能决定，而其操纵性主要受其艇体型线影响，故而解决水下航行器机动性不足的问题，一方面需要提高其动力性能，另一方面是需要优化航行器的艇体型线。在优化航行器的艇体型线前，首先需要了解水下航行器的操纵性，目前十分常用的航行器预报方法是通过水动力系数确定航行器运动时的水动力，进而通过运动方程预报其操纵性，在这一过程中确定航行器的水动力系数是十分重要的。目前航行器水动力系数的确定方法主要有：近似估算法，即通过简单几何体理论公式做适当修正估算或以经验公式、半经验公式、图谱等大量前期工作基础为前提估算；数值模拟法，即以黏流或势流的理论基础结合相应算法对航行器的水动力进行模拟计算以得到其水动力导数的方法；参数辨识法，即利用系统辨识技术和流体力学相关知识从航行器的水下运动状态参数中辨识出其水动力参数的方法，该方法是随着控制技术和计算机技术发展而衍生出来的一种新型水动力导数获取方法，受技术限制，目前该方法尚未大规模采用；模型实验法，即在循环水槽或其他各类水池中对航行器进行约束模实验，以测量其水动力并据此计算出水动力导数。本节介绍的内容即是模型实验法中的纯升沉和纯俯仰运动实验，即基于 VPMM 的航行器在垂直面内的操纵性水动力性能测量实验。

4.4.1　实验目的

(1)测量水下航行器在垂直面内(即纯升沉(横荡)和纯俯仰(摇艏))运动时的水动力参数,并据此计算出其水动力导数以仿真航行器的运动轨迹,从而预报其操纵性能。

(2)辅助动力系统的设备匹配,使航行器能够根据其自身操纵性参数匹配合适的动力设备和推进装置以满足其机动性要求。

(3)对一系列航行器的操纵性水动力导数进行测量与计算,建立航行器水动力导数数据库,根据这一数据库可生成水动力导数图谱或经验公式,据此可更加简捷、方便地确定航行器地水动力导数。

(4)掌握本实验的原理与方法,提高实验参与者的工程实践能力,增强实验参与者的工程实验素养。

4.4.2　实验所用到的仪器设备

本次实验所用到的仪器设备主要有:循环水槽、流速测试仪、水温计、垂直型平面运动机构(VPMM)、数据采集仪、电脑(工控机)、六分力天平和航行器模型等。

4.4.3　实验原理

1. 相似条件

航行器纯升沉(横荡)和纯俯仰(艏摇)所测得的水动力几乎是仅与其外部轮廓(即型线)有关,所以该实验要满足的相似条件主要是几何相似和弗劳德相似

$$\begin{cases} \dfrac{L_s}{L_m} = \lambda \\ Fr_m = \dfrac{V_m}{\sqrt{gL_m}} = \dfrac{V_s}{\sqrt{gL_s}} = Fr_s \end{cases}$$

即

$$\begin{cases} \dfrac{L_s}{L_m} = \lambda \\ \dfrac{V_s}{V_m} = \sqrt{\lambda} \end{cases}$$

式中,L_s、V_s 和 L_m、V_m 分别是实际航行器的尺寸与航速和模型航行器的尺寸与航速。由于几何相似和弗劳德相似已在 5.1 进行了详细的介绍,在此不再赘述,但在设计本实验的具体方案前必须要了解航行器的纯升沉(横荡)和纯俯仰(艏摇)运动的基本情况。

2. 纯升沉(横荡)运动

纯升沉(横荡)运动指的是航行器沿 $z(y)$ 轴做简谐运动的同时还以一定的速度前进的运动。纯升沉运动和纯横荡运动在运动形式上几乎一样,只是实验过程中航行器的运动方向有所差别。且从运动名称上亦不难看出,纯升沉运动中航行器的简谐运动以某点为中心沿 z 轴上下运动,纯横荡运动中航行器的简谐运动以某点为中心沿 y 轴左右运动,由于航行

器的水动力导数主要与航行器的外部轮廓有关，且纯升沉运动和纯横荡运动在实验过程中除了简谐运动的方向不一样之外其他的运动情况几乎完全一样，因此将航行器绕 x 轴旋转 90°后进行纯升沉运动所完成的即是航行器的纯横荡运动。由此可知，水下航行器的纯升沉运动和纯横荡运动的原理和实验方法是完全一样的，本节以纯升沉运动为例对航行器的纯升沉和纯横荡两个约束运动的原理和方法进行介绍。

在纯升沉运动中航行器的运动轨迹如图 4－13 所示。从图中可以看出，由于航行器在运动的过程中即沿 z 轴做上下的简谐运动，又沿 x 轴做匀速直线运动，所以其运动轨迹最终将呈现为一条正弦曲线，由此可推得航行器在运动过程中的升沉位移、升沉速度和升沉加速度的表达形式为

$$\begin{cases} z = a\sin \omega t \\ v_z = \dot{z} = a\omega\cos \omega t \\ \dot{v}_z = \ddot{z} = -a\omega^2\sin \omega t \end{cases} \tag{4-21}$$

式中，z、v_z 和 $\dot{v}_z$ 为航行器的垂向运动位移、速度和加速度；a 和 ω 分别为升沉运动的幅值和圆频率。

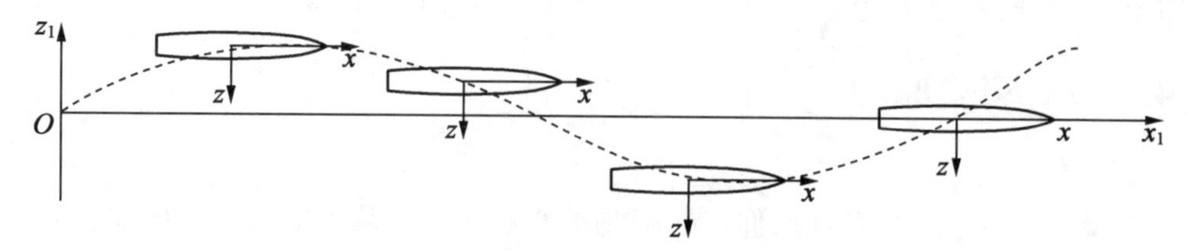

图 4－13 纯升沉运动的运动过程示意图

由于航行器的纯升沉运动和纯横荡运动均是小振幅运动，因此可以对其水动力进行线性假设，则其表达形式为

$$\begin{cases} Z_{\mathrm{H}} = Z_{\dot{v}}\dot{v} + Z_v v \\ N_{\mathrm{H}} = N_{\dot{v}}\dot{v} + N_v v \end{cases} \tag{4-22}$$

同样，基于线性假设，航行器所受的水动力表达式也必然是与运动同频率的简谐变化公式，具体可表示为

$$\begin{cases} Z_{\mathrm{H}} = Z_{0\mathrm{v}}\sin(\omega t - \varphi_{\mathrm{zv}}) \\ N_{\mathrm{H}} = N_{0\mathrm{v}}\sin(\omega t - \varphi_{\mathrm{nv}}) \end{cases} \tag{4-23}$$

式中，Z_{H} 和 N_{H} 分别表示航行器所受到的垂向力和力矩（即实验中的约束力和约束力矩）；$Z_{0\mathrm{v}}$和 $N_{0\mathrm{v}}$分别表示垂向力和力矩的幅值；φ_{zv}和 φ_{nv}分别表示垂向力和力矩与垂向运动位移之间的相位差。

将式(4－23)展开，则有

$$\begin{cases} Z_{\mathrm{H}} = Z_{0\mathrm{v}}\sin \omega t\cos \varphi_{\mathrm{zv}} - Z_{0\mathrm{v}}\sin \varphi_{\mathrm{zv}}\cos \omega t \\ N_{\mathrm{H}} = N_{0\mathrm{v}}\sin \omega t\cos \varphi_{\mathrm{nv}} - N_{0\mathrm{v}}\sin \varphi_{\mathrm{nv}}\cos \omega t \end{cases}$$

若令 $Z_{1\mathrm{v}} = Z_{0\mathrm{v}}\cos \varphi_{\mathrm{zv}}$，$Z_{2\mathrm{v}} = Z_{0\mathrm{v}}\sin \varphi_{\mathrm{zv}}$；$N_{1\mathrm{v}} = N_{0\mathrm{v}}\cos \varphi_{\mathrm{nv}}$，$N_{2\mathrm{v}} = N_{0\mathrm{v}}\sin \varphi_{\mathrm{nv}}$，则上式可表示为

$$\begin{cases} Z_{\mathrm{H}} = Z_{1\mathrm{v}}\sin \omega t - Z_{2\mathrm{v}}\cos \omega t \\ N_{\mathrm{H}} = N_{1\mathrm{v}}\sin \omega t - N_{2\mathrm{v}}\cos \omega t \end{cases} \tag{4-24}$$

而由式(4－21)和式(4－22)可知

$$\begin{cases} Z_{\mathrm{H}} = -Z_{\dot{\mathrm{v}}}a\omega^2\sin \omega t + Z_{\mathrm{v}}a\omega\cos \omega t \\ N_{\mathrm{H}} = -N_{\dot{\mathrm{v}}}a\omega^2\sin \omega t + N_{\mathrm{v}}a\omega\cos \omega t \end{cases} \tag{4-25}$$

则由式(4－24)和式(4－25)可知

$$\begin{cases} Z_{\dot{\mathrm{v}}} = -\dfrac{Z_{0\mathrm{v}}\cos \varphi_{\mathrm{zv}}}{a\omega^2} \\ Z_{\mathrm{v}} = -\dfrac{Z_{0\mathrm{v}}\sin \varphi_{\mathrm{zv}}}{a\omega} \\ N_{\dot{\mathrm{v}}} = -\dfrac{N_{0\mathrm{v}}\cos \varphi_{\mathrm{nv}}}{a\omega^2} \\ N_{\mathrm{v}} = -\dfrac{N_{0\mathrm{v}}\sin \varphi_{\mathrm{nv}}}{a\omega} \end{cases} \tag{4-26}$$

以上即是纯升沉运动时航行器的垂向水动力和力矩的导数，式中，航行器的振荡幅值 a 和运动周期的圆频率 ω 为制订实验工况时所需的参数，即输入数据；垂向运动的约束力幅值 $Z_{0\mathrm{v}}$、约束力矩幅值 $N_{0\mathrm{v}}$ 以及二者与位移之间的相位差 φ_{zv}、φ_{nv} 是实验所需测量的数据，即输出数据，由此可知根据输入、输出数据得到航行器的水动力导数是完全可行的。

航行器的水动力导数在实际应用时经常需要处理成无量纲量，即

$$Y'_{\dot{\mathrm{v}}} = \frac{Y_{\dot{\mathrm{v}}}}{\frac{1}{2}\rho L^3} \quad Y'_{\mathrm{v}} = \frac{Y_{\mathrm{v}}}{\frac{1}{2}\rho L^2 U} \quad N'_{\dot{\mathrm{v}}} = \frac{N_{\dot{\mathrm{v}}}}{\frac{1}{2}\rho L^3} \quad N'_{\mathrm{v}} = \frac{N_{\mathrm{v}}}{\frac{1}{2}\rho L^2 U}$$

以上各式中，U 为航行器沿 x 轴匀速运动时的速度。

3. 纯俯仰(艏摇)运动

纯俯仰(艏摇)运动指的是航行器在纵向匀速直线运动、垂(横)向简谐运动的同时还在绕 $y(z)$ 轴做旋转运动，且在该运动过程中航行器的水线面(纵剖面)与其合速度方向平行，即若以航行器的中纵剖面和中横剖面交线的中点位置作为原点的左手直角坐标系定义为随行坐标系，那么在纯俯仰(艏摇)运动中航行器的垂向运动速度 $w=0$(横向运动速度 $v=0$)。同样的，由于航行器的操纵性水动力仅与其外部轮廓有关，且纯俯仰运动和纯艏摇运动之间除了简谐运动和旋转运动的方向不一样之外其运动形式完全一样，所以将航行器绕 x 轴旋转 90°后进行纯俯仰运动所测得的水动力参数即是航行器纯艏摇运动的水动力参数。由此可知，水下航行器的纯俯仰运动和纯艏摇运动的原理及实验方法完全一样，在此以纯俯仰运动为例，对水下航行器的这两种约束运动实验进行介绍。

水下航行器纯俯仰运动的运行轨迹图如图 4－14 所示，其在垂向的运动是简谐运动和绕 y 轴旋转(即俯仰)运动的叠加，且在运动的过程中随行坐标系的 x 轴始终与航行器运动轨迹的切线平行，由此可知航行器的简谐运动和俯仰运动参数分别为

$$\begin{cases} z = a\sin \omega t \\ v_z = \dot{z} = a\omega\cos \omega t \\ \dot{v}_z = \ddot{z} = -a\omega^2\sin \omega t \\ \psi = \psi_0\cos \omega t \\ r = \dot{\psi} = -\psi_0\omega\sin \omega t \\ \dot{r} = \ddot{\psi} = -\psi_0\omega^2\cos \omega t \end{cases} \tag{4-27}$$

式中，ψ 为运动轨迹的切线与 x 轴的夹角（即俯仰角）；r 和 $\dot{r}$ 分别为航行器绕 y 轴运动时的角速度和角加速度；ψ_0 为航行器绕 y 轴旋转运动时的幅值。

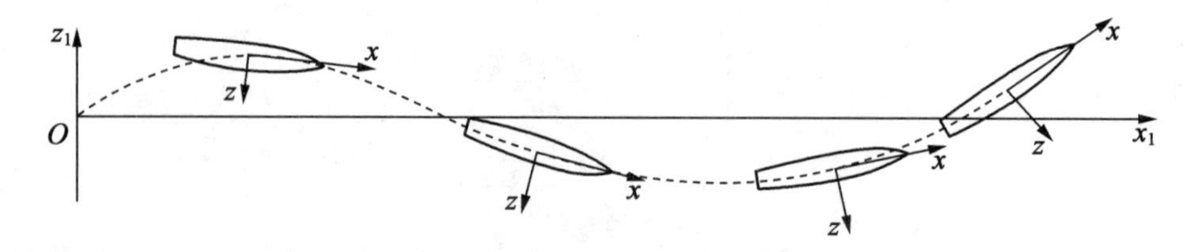

图 4－14　纯俯仰运动的运功过程示意图

在纯俯仰运动的过程中，航行器的运动姿态如图 4－15 所示，由于纯俯仰运动的过程中航行器在随行坐标系里的 z 向速度为 0，即 $w=0$，并且此时航行器的艏向即是其合速度的方向；而从固定坐标系来分析，在该运动过程中航行器既沿 x_1 轴做匀速运动又沿 z_1 轴做简谐运动，同时还绕 y 轴做俯仰运动，故而在航行器的纯俯仰运动中，其三个分运动参数之间的关系需满足以下公式：

$$\tan \psi = \frac{v_z}{U} = \frac{a\omega}{U}\cos \omega t \tag{4-28}$$

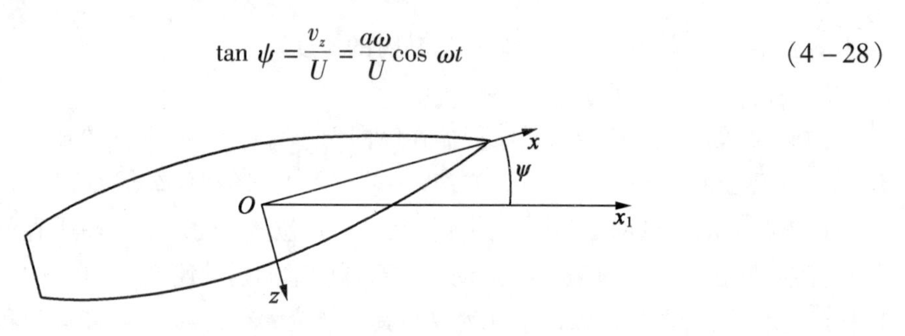

图 4－15　航行器纯俯仰运动过程中的姿态示意图

由于在纯俯仰运动中航行器的俯仰角通常较小，若该运动过程中航行器的俯仰角足够小，则有

$$\psi \approx \tan \psi = \frac{a\omega}{U}\cos \omega t = \psi_0\cos \omega t$$

由此可知，航行器纯俯仰运动各运动之间的初始条件需满足

$$\psi_0 = \frac{a\omega}{U} \tag{4-29}$$

同样,在小振幅情况下可对航行器纯俯仰运动时的水动力和力矩进行线性假设,则有

$$\begin{cases} Z_H = Z_{\dot{r}}\dot{r} + Z_r r \\ N_H = N_{\dot{r}}\dot{r} + N_r r \end{cases} \tag{4-30}$$

与纯横荡运动一样,在线性假设下,纯俯仰运动中航行器的约束力(水动力)和约束力矩(水动力矩)的表达式也应是与运动同频率的简谐变化公式

$$\begin{cases} Z_H = Z_{0r}\cos(\omega t - \varphi_{zr}) \\ N_H = N_{0r}\cos(\omega t - \varphi_{nr}) \end{cases}$$

将上式展开后简化可得

$$\begin{cases} Z_H = Z_{0r}\cos\omega t\cos\varphi_{zr} + Z_{0r}\sin\omega t\sin\varphi_{zr} \\ N_H = N_{0r}\cos\omega t\cos\varphi_{nr} + N_{0r}\sin\omega t\sin\varphi_{nr} \end{cases}$$

式中,Z_{0r}和N_{0r}分别是纯俯仰运动中水动力和力矩的幅值;φ_{zr}和φ_{nr}分别是水动力和力矩的相应曲线与垂向运动位移曲线之间的相位差。若令$Z_{1r} = Z_{0r}\cos\varphi_{zr}$,$Z_{2r} = Z_{0r}\sin\varphi_{zr}$;$N_{1r} = N_{0r}\cos\varphi_{nr}$,$N_{2r} = N_{0r}\sin\varphi_{nr}$,则上式可简化为

$$\begin{cases} Z_H = Z_{1r}\cos\omega t + Z_{2r}\sin\omega t \\ N_H = N_{1r}\cos\omega t + N_{2r}\sin\omega t \end{cases} \tag{4-31}$$

将式(4-27)中的部分公式代入到式(4-30)中可得

$$\begin{cases} Z_H = -Z_{\dot{r}}\psi_0\omega^2\cos\omega t - Z_r\psi_0\omega\sin\omega t \\ N_H = -N_{\dot{r}}\psi_0\omega^2\cos\omega t - N_r\psi_0\omega\sin\omega t \end{cases} \tag{4-32}$$

由式(4-31)和式(4-32)可知

$$\begin{cases} Z_{\dot{r}} = -\dfrac{Z_{1r}}{\omega^2\psi_0} = -\dfrac{Z_{0r}\cos\varphi_{zr}}{\omega^2\psi_0} \\ Z_r = -\dfrac{Z_{2r}}{\omega\psi_0} = -\dfrac{Z_{0r}\sin\varphi_{zr}}{\omega\psi_0} \\ N_{\dot{r}} = -\dfrac{N_{1r}}{\omega^2\psi_0} = -\dfrac{N_{0r}\cos\varphi_{nr}}{\omega^2\psi_0} \\ N_r = -\dfrac{N_{2r}}{\omega\psi_0} = -\dfrac{N_{0r}\sin\varphi_{nr}}{\omega\psi_0} \end{cases} \tag{4-33}$$

以上即是通过航行器纯俯仰运动实验所能得到的水动力导数,其中ψ_0和ω分别是航行器俯仰运动中俯仰角的幅值和简谐运动中的圆频率值,是实验输入量;Z_{0r}、N_{0r}和φ_{zr}、φ_{nr}为实验测得量的幅值,是实验输出量。由此可知,根据式(4-33)和实验输入量、输出量即可求得航行器在纯俯仰运动实验中的水动力导数,这些水动力导数的无量纲化值可以下列公式求得:

$$Y'_{\dot{r}} = \frac{Y_{\dot{r}}}{\frac{1}{2}\rho L^4 U};\quad Y'_r = \frac{Y_r}{\frac{1}{2}\rho L^3 U};\quad N'_{\dot{r}} = \frac{N_{\dot{r}}}{\frac{1}{2}\rho L^5 U};\quad N'_r = \frac{N_r}{\frac{1}{2}\rho L^4 U}$$

以上是利用垂直型平面运动机构进行水下航行器的纯升沉、纯横荡、纯俯仰和纯艏摇等约束运动实验的原理,根据这些原理便可设计合理的实验方案完成本实验。在纯升沉运动和纯横荡运动的约束实验过程中,实验工况主要可以航行器的纵向前进速度 U、简谐运动幅

值 a 和周期 T(即圆频率 $\omega,\omega=\frac{2\pi}{T}$)确定;在纯俯仰运动和纯艏摇运动约束实验的工况中,除需确定以上三个参数量之外,还需确定航行器俯仰角的幅值 ψ_0。

4.4.4 实验要求与步骤

本节介绍的航行器约束模型实验中,虽然其运动形式种类较多,但是均用循环水槽和垂直型平面运动机构即可完成,且前面亦有介绍纯升沉和纯横荡运动对于水下航行器而言其过程几乎一样,纯俯仰和纯艏摇亦是如此,因此在下面介绍实验要求和实验步骤时统一介绍,不再单独说明。

1.实验要求

(1)实验前认真阅读2.4节中的内容,理解本实验所用到的主要仪器——平面运动机构的功能、工作原理和适用环境等各方面内容。

(2)认真阅读本节前面的内容,了解本实验的内容所适用的情况,熟练掌握本实验所用到的仪器设备的原理和使用方法,理解本实验的原理,并能够根据所学知识内容独立制订合理的实验方案。

(3)实验过程中要注意保护参与者的人身安全以及所用设备的财产安全,按照使用方法操作实验设备,不得随意开启不熟悉以及用不到的设备。

(4)实验完成后,确认所有设备均断水断电后,拆卸仪器、设备、材料和模型等硬件,并将其整理、归位。

2.实验步骤

(1)校准并标定仪器设备。

a.利用流速测量仪对循环水槽的 $N-v$ 曲线进行标定。

b.检查六分力天平的测力效果是否可靠,若不可靠则需检验其结构是否受损,如未受损则应对其进行重新标定,即重新标定 $\varepsilon-F$ 曲线(或 $U-F$ 曲线)。

c.检查并校准平面运动机构,确定其运动可靠。

(2)安装仪器、设备与模型。

a.将平面运动机构安装到循环水槽工作段的上方。

b.将六分力天平安装到平面运动机构的对应位置处。

c.根据平面运动机构的结构特点,将航行器模型对应安装到平面运动机构上。

d.设备及模型安装完成后,将天平的测量线连接到数据采集仪上,并将数据采集仪的数据线连接到工控机上。

(3)待所有前期准备工作均完成后,在正式开始进行实验测量前,用水温计测量循环水槽内水体温度 t_1,并记录。

(4)开启并预热所有仪器、设备,待各仪器、设备预热完成后,对各项采集数据进行平衡、清零。

(5)根据实验方案和测试工况,参照步骤(1)中标定的 $N-v$ 曲线,缓慢开启循环水槽动力段电机,使工作段水流缓慢加速至实验工况中的预定航速,而后启动平面运动机构,并调节相应参数,使其缓慢带动水下航行器升沉或俯仰运动达到实验工况中的预设要求,在稳定运行一定时间后，停止数据采集，将过程中采集到的数据文件保存，以待后续处理。

(6)根据实验方案，参照步骤(5)完成纯升沉(横荡)和纯俯仰(艏摇)等约束运动实验中的所有工况，并保存数据文件，以待后续处理。

(7)实验完成后测量循环水槽内水体温度 t_2，并记录。

(8)在所有工况、数据均测试完成后，检查数据文件及文件内的数据情况，无误后，关闭所有仪器、设备，待所有设备均断电停止运行后，将本实验过程中安装的所有仪器、设备、模型、材料等均拆卸、归位，将实验过程中用到的工具、材料等均整理、归位，将实验过程中产生的垃圾分类后带走。

4.4.5　实验结果与处理

将实验过程中测得的数据按要求填到下列对应位置处(表 4－7、表 4－8)。

实验前水温 t_1 = ________℃；实验后水温 t_2 = ________℃；实验时水温 t = ________℃。

实验水温下水的密度 ρ = ________ kg/m³。

表 4－7　水下航行器纯升沉运动约束实验水动力数据处理表

纵向速度 $U/(\mathrm{m \cdot s^{-1}})$，振荡幅值 a/mm	简谐运动振荡频率 f/Hz	水动力幅值 Z_{0v}/N	水动力与位移间相位差 φ_{zv}/rad	水动力加速度导数 $Z_{\dot{v}}$	水动力位置导数 Z_v
U = a =					
	…				
U = a =					
	…				
…	…				

表 4-8　水下航行器纯升沉运动约束实验水动力矩数据处理表

纵向速度 $U/(\mathrm{m \cdot s^{-1}})$，振荡幅值 a/mm	简谐运动振荡频率 f/Hz	水动力矩幅值 $N_{0v}/(\mathrm{N \cdot m})$	水动力矩与位移间相位差 φ_{nv}/rad	水动力矩加速度导数 $N_{\dot{v}}$	水动力矩位置导数 N_v
$U=$ $a=$					
	…				
$U=$ $a=$					
	…				
…	…				

（1）根据实验前后测得的水温估算出实验时循环水槽内的水温 t，并查询附录 1，得出实验时水槽内水的密度 ρ，并记录于对应位置处。

（2）将实验过程中测得的每个数据文件中的数据分别导入到数据处理软件中进行后续处理，可以采用 Excel 或其他数据处理软件，利用数据处理软件绘制出实验时水下航行器的位移曲线图、水动力曲线图和水动力矩曲线图，并据此得出不同实验工况下水动力和力矩的幅值 Z_{0v}、N_{0v} 以及水动力和力矩与位移之间的相位差 φ_{zv}、φ_{nv}，并分别填入表 4-7 和表 4-8 中。

（3）根据表 4-7 和表 4-8 中航行器在不同实验工况下的水动力和力矩的幅值，在图 4-16和图 4-17 中分别绘制出航行器水动力和力矩的幅值随振荡频率变化而变化的曲线（即$f-Z_{0v}$曲线和 $f-N_{0v}$ 曲线），并观察曲线规律，同时分析其是否分别满足线性关系。

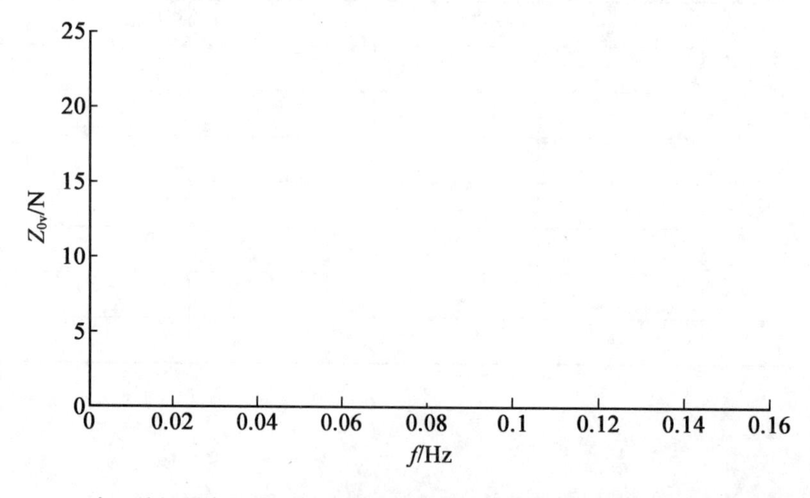

图 4-16　水下航行器在纯升沉运动时的水动力幅值随振荡频率的变化曲线（$f-Z_{0v}$ 曲线）

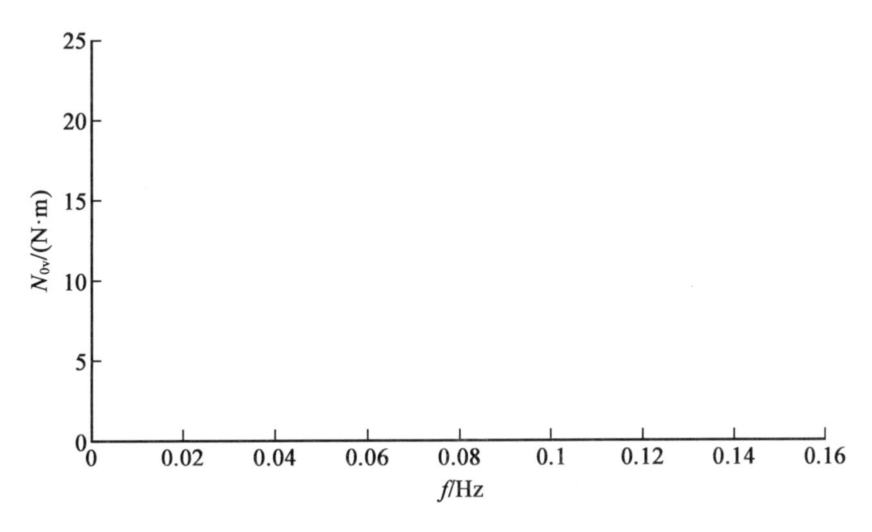

图 4－17　水下航行器在纯升沉运动时的水动力矩幅值随振荡频率的变化曲线（$f-N_{0v}$ 曲线）

（4）航行器的水动力和力矩的幅值与振荡频率之间满足线性关系，则可根据前文中实验原理介绍的满足线性关系时水动力导数的计算公式（即式（4－26）），计算出航行器纯升沉运动时的水动力导数 $Z_{\dot{v}}$、Z_v、$N_{\dot{v}}$、N_v，并填至对应位置处。

（5）根据计算出的水动力导数以及前文中介绍的无量纲化计算公式，将航行器的水动力和力矩的导数进行无量纲化处理，并将结果填至表 4－9 中。

（6）分析各组无量纲化值，并探究其规律。

表 4－9　航行器在纯升沉运动约束实验中的水动力导数无量纲化结果处理表

纵向速度 $U/(\mathrm{m\cdot s^{-1}})$，振荡幅值 a/mm	简谐运动振荡频率 f/Hz	加速度导数		位置导数		水动力导数无量纲化值			
		$Z_{\dot{v}}$	$N_{\dot{v}}$	Z_v	N_v	$Z'_{\dot{v}}$	$N'_{\dot{v}}$	Z'_v	N'_v
$U=$ $a=$									
	…								
$U=$ $a=$									
	…								
…	…								

（7）参照数据处理过程中的步骤（2），求出水下航行器在纯俯仰运动约束实验中的垂向

水动力和力矩 Z_{0r}、N_{0r} 以及水动力和力矩与位移之间的相位差 φ_{zr}、φ_{nr}，并分别对应填入表 4－10 和表 4－11 中。

表 4－10　水下航行器纯俯仰运动约束实验水动力数据处理表

纵向速度 $U/(\mathrm{m\cdot s^{-1}})$，振荡幅值 a/mm，俯仰角幅值 $\psi/(°)$	简谐运动振荡频率 f/Hz	水动力幅值 Z_{0r}/N	水动力与位移间相位差 φ_{zr}/rad	水动力加速度导数 $Z_{\dot{r}}$	水动力位置导数 Z_r
U =					
a =					
ψ =					
	…				
U =					
a =					
ψ =					
	…				
…	…				

表 4－11　水下航行器纯俯仰运动约束实验水动力矩数据处理表

纵向速度 $U/(\mathrm{m\cdot s^{-1}})$，振荡幅值 a/mm，俯仰角幅值 $\psi/(°)$	简谐运动振荡频率 f/Hz	水动力矩幅值 N_{0r}/N	水动力矩与位移间相位差 φ_{nr}/rad	水动力矩加速度导数 $N_{\dot{r}}$	水动力矩位置导数 N_r
U =					
a =					
ψ =					
	…				
U =					
a =					
ψ =					
	…				
…	…				

（8）根据表 4－10 和表 4－11 中的水动力和力矩的值，在图 4－18 和图 4－19 中分别绘

制出航行器在纯俯仰运动约束实验中水动力和力矩随振荡频率变化而变化的曲线(即 $f-Z_{0r}$ 曲线和 $f-N_{0r}$ 曲线),并分析曲线规律。

(9)航行器的水动力和力矩随频率的变化曲线满足线性规律,则可根据前面介绍的水动力导数计算公式(即式(4-33)),计算出水下航行器在纯俯仰运动时的水动力和力矩的加速度导数和位置导数 $Z_{\dot{r}}$、$N_{\dot{r}}$、Z_r、N_r,并记录在对应位置处。

(10)根据航行器在纯俯仰运动约束实验中的加速度导数和位置导数以及前面介绍的水动力导数的无量纲化计算公式,求出航行器纯俯仰运动时的水动力导数无量纲化值,并对应填入表4-12中。

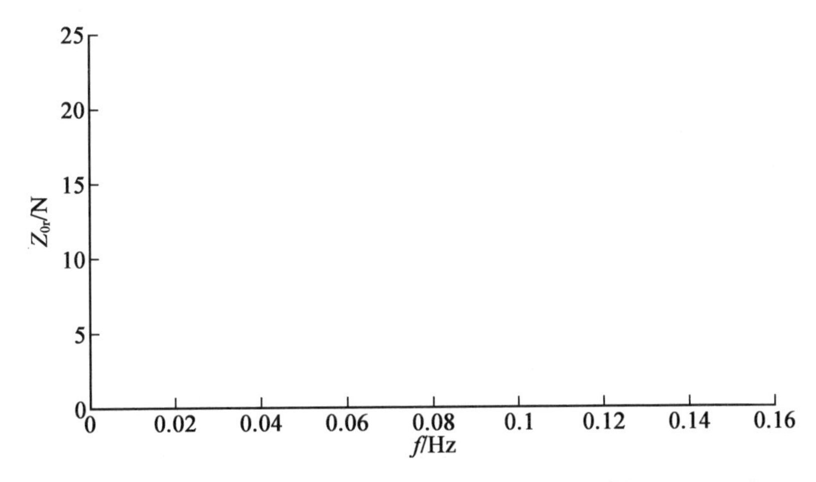

图4-18 航行器在纯俯仰运动时的水动力幅值随振荡频率的变化曲线($f-Z_{0r}$ 曲线)

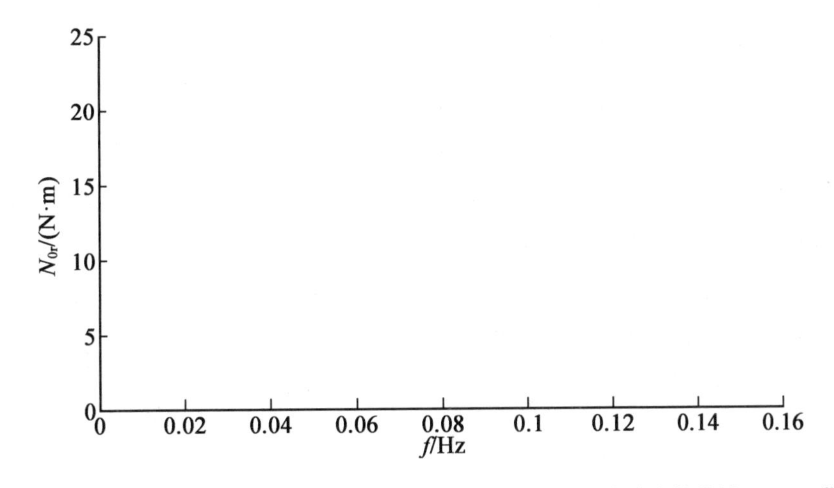

图4-19 航行器在纯俯仰运动时的水动力矩幅值随振荡频率的变化曲线($f-N_{0r}$ 曲线)

表 4-12　航行器在纯俯仰运动约束实验中的水动力导数无量纲化结果处理表

纵向速度 $U/(\mathrm{m \cdot s^{-1}})$， 振荡幅值 a/mm 俯仰角幅值 $\psi/(°)$	简谐运动振荡频率 f/Hz	加速度导数		位置导数		水动力导数无量纲化值			
		$Z_{\dot{v}}$	$N_{\dot{v}}$	Z_v	N_v	$Z'_{\dot{v}}$	$N'_{\dot{v}}$	Z'_v	N'_v
$U=$ $a=$ $\psi=$									
	…								
$U=$ $a=$ $\psi=$									
	…								
…	…								

（11）分析航行器纯俯仰运动时的各组水动力导数的无量纲化值，并探究其规律。

（12）根据得出的水下航行器的水动力导数无量纲化值，结合其他类型约束实验中得到的水动力导数无量纲化值，预报航行器的操纵性（在此不对航行器的操纵性预报方法展开介绍，如有兴趣，可自学）。

4.4.6　实验应用与思考

（1）水面船艇的纯横荡运动和纯艏摇运动实验是否可以垂直型平面运动机构实现测量？为什么？

（2）若现有条件并不能满足实际实验的需求，那么可以用何种软件实现航行器的纯升沉、纯横荡、纯俯仰和纯艏摇运动的数值仿真模拟？请选择一种运动简单表述数值仿真的过程和相关注意事项。

（3）现正在设计一艘大型船舶，其对操纵性要求较高，请结合所学知识设计一个实验方案，以预报该船的操纵性是否满足设计要求。

第5章　水工结构与海洋装备的水动力性能测试实验方案

随着人们越来越重视海洋战略,对于海洋的开发和利用也越来越多,与此同时各种各样的水工结构和海洋装备也被不断地开发出来,而各类水工结构和海洋装备在投入实际应用之前均需对其进行实验测试,在这些实验中,水动力实验无疑是大多数水工结构和海洋装备在投入使用前需要进行的重点实验之一。本章对相应的水工结构和海洋装备或其附属结构物的水动力性能实验方案进行简要的介绍,为读者从事相应水工结构或海洋装备水动力性能的实验测试提供指导与借鉴,同时为从事新型水工结构设计、海洋装备研发以及相关结构或装备的水动力性能实验方案设计的读者提供借鉴与参考。

5.1　浮式结构物系缆在水流作用下的响应性能测试

浮式结构物是海洋装备和海洋结构物的一种重要形态,大多数海洋装备和海洋结构物均是这一形态,这一形态的物体在海洋上工作时,大多数情况下需要用到系缆以防止其随风浪流等飘走丢失;同时对于水下大型海洋结构物而言,将其运送至指定位置时通常也是需要用系缆拖曳实现运输。但由于海上洋流涌动、风浪不断,这些外部天然条件在影响海洋装备和结构物运动的同时也会使系缆产生一定的运动响应,又由于海洋装备或结构物是与系缆相连接的,因此系缆的运动响应也将会直接影响到结构物的运动状态。由此可知,想要了解浮式海洋装备或海洋结构物在洋流、风浪等环境下的运动响应情况,仅了解其水动力性能是不够的,还需要了解其系缆的水动力性能情况,这样才能够更好地预估这些装备或结构物在受到洋流、风浪等天然条件影响时的运动响应情况。由于风浪主要影响水面及其以上物体的运行状态,故本书在介绍海洋装备水动力性能测试实验方案的章节中,首先介绍浮式结构物系缆在水流作用下的响应性能测试实验。

5.1.1　实验目的

(1)了解浮式结构物的系缆受到水流作用后的运动响应情况,并了解系缆的运动响应对于浮式结构物的影响情况。

(2)理解浮式结构物系缆在水流作用下的运动响应性能测试实验的原理,掌握系缆在水流作用下水动力性能分析的方法,理解系缆水动力性能和其运动响应之间的关系。

(3)了解本实验用到的仪器设备,掌握每种仪器设备的功能、特点和工作原理,并在与本实验类型相近的其他实验中根据实验内容选择合适的仪器设备,以完成实验。

(4)熟练掌握本实验的内容和步骤,并且依据所掌握的知识设计类似的实验方案,同时锻炼实验者的实践操作能力和工程实验素养。

5.1.2　实验所用到的仪器设备

本实验所用到的仪器设备主要有:循环水槽、高精度六分力天平、实验系缆、池底重物块、U 型钳、实验支撑架、系缆转盘(带刻度)、电脑、数据采集仪、流速测量装置。

在本实验所用到的仪器设备中,循环水槽、高精度六分力天平、电脑、数据采集仪和流速测量装置等在市场上均有成熟的产品,且部分仪器设备已在前面进行了详细的介绍,在此不再赘述;池底重物块和实验支撑架的主要作用是固定和支撑,其结构无特殊要求,故亦不对其进行过多介绍;而带刻度系缆转盘是本实验中所用到的一个特殊的仪器,它是根据本实验的内容和方案所专门设计的,其主要作用是连接实验支撑架和六分力天平。它的结构示意图如图 5 - 1 所示,由固定盘和转盘两部分组成,其中固定盘上带有刻度,转盘上带有螺纹孔,固定盘和转盘通过中心的螺栓连接在一起,当螺栓拧紧时,固定盘和转盘即为刚性连接;当螺栓松开时,固定盘和转盘之间可相互转动。转盘中的螺纹孔是用于固定六分力天平的,如图 5 - 1 中的虚线所示,通过不同的孔洞组合可以使得六分力天平固定在不同的位置。在实验时将固定盘与实验支撑架夹持固定后,通过转动转盘可以使实验系缆任意变换角度,以实现测量不同来流角度时模型系缆受力的目的。

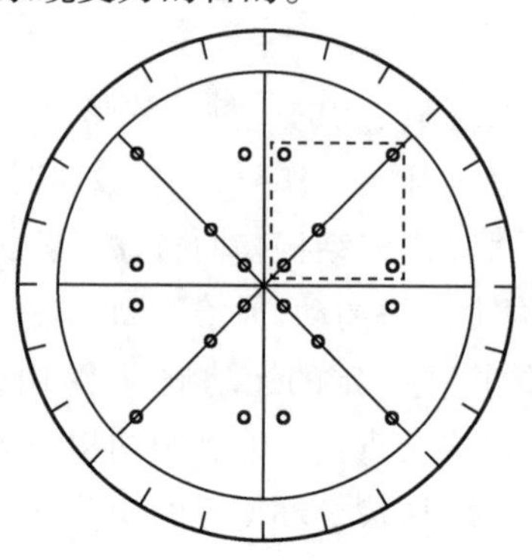

图 5 - 1　带刻度系缆转盘

5.1.3　实验原理

模型水动力实验通常都需要满足几何相似、运动相似和动力相似这三大相似条件,在系缆的水动力性能实验测试中亦是如此。其中,几何相似即是指系缆实体与模型之间的几何形状相似,而几何尺寸成一定的比例,即

$$\frac{L_s}{L_m}=\frac{D_s}{D_m}=\lambda \tag{5-1}$$

式中,L_s、D_s 和 L_m、D_m 分别为实际系缆的长度和直径以及模型系缆的长度和直径;λ 为实际系缆和模型系缆之间的缩尺比。

本实验中的运动相似条件指实际系缆在海水中受到的洋流大小与模型系缆在循环水槽

中受到的来流大小应该满足弗劳德相似定律（由于实际介质和实验介质均是水（海水、淡水），其运动黏性系数相差不大，难以满足雷诺相似），即

$$Fr=\frac{V_s}{\sqrt{gD_s}}=\frac{V_m}{\sqrt{gD_m}} \tag{5-2}$$

而由上式可得

$$\frac{V_s}{V_m}=\sqrt{\frac{D_s}{D_m}}=\sqrt{\lambda}$$

即

$$V_m=\frac{V_s}{\sqrt{\lambda}} \tag{5-3}$$

式中，V_s 和 V_m 分别为实际系缆在海洋中受到洋流冲击时的洋流流速和模型系缆在实验设施中受到水流冲击时的水流流速。

本实验中的动力相似条件指实际系缆与模型系缆之间的对应点受力应该成一定的比例，而本实验中系缆的受力情况将主要包含两大类，一类是系缆所受外力，另一类是系缆自身内部受力。其中，系缆所受外力主要有重力、浮力和水流作用力，而其内部受力主要指系缆自身所受张力。在这些受力中，由于模型系缆与实际系缆之间满足几何相似的条件，故而其浮力必然是相似的；若要满足重力相似，则需实际系缆与模型系缆的密度相同，由于模型系缆与实际系缆之间还满足运动相似，因此其水流作用力满足除黏性项之外的相似；但是由于系缆的水流作用力中黏性项的成分比重相对较少，因此可近似地认为满足几何相似和运动相似的模型与实物之间满足水流作用力相似。由以上推论可知，模型系缆与实际系缆之间满足几何相似和运动相似之后，可近似地认为其满足动力相似中的外力相似。

对于刚性体实验对象而言，满足外力相似即可认为实验满足动力相似条件，但是本实验中的实验对象是系缆，其自身具有一定的柔性特征，当其受到轴向拉力时，系缆本身的弹性性能会使得其自身长度产生拉伸，从而引起系缆内部受力，因此本实验中的动力相似条件不仅需要满足系缆所受的外力相似，还需要满足其所受的内力相似。从以上分析可知，系缆所受的内力相似也就是弹性相似，即实际系缆的内部张力与模型系缆的内部张力之间需满足一定的比例关系，此相似条件可以如下公式进行表示：

$$T_m=\frac{1}{\lambda}T_s \tag{5-4}$$

式中，T_m 和 T_s 分别为模型系缆的内部张力和实际系缆的内部张力。

根据柔性绳索的弹性伸长关系可知，系缆的内部张力与系缆的弹性伸长率、系缆尺寸和系缆材料性质等的关系表达式为

$$\frac{T}{d^2}=C_e\left(\frac{\Delta L}{L}\right)^n \tag{5-5}$$

将上式简化后代入式（5-4）中，可得

$$T_m=\frac{1}{\lambda^3}d_m^2C_{es}\left(\frac{\Delta L_s}{L_s}\right)^{n_s} \tag{5-6}$$

式中，d_m 为模型系缆的直径；$\frac{\Delta L_s}{L_s}$为实际系缆受到内部张力 T_s 时的平均伸长率；C_{es}与 n_s 为系数，与实际系缆的材料性质和尺寸有关，它们可以通过实际系缆的破断强力和直径求得，实际系缆的破断强力和破断时的平均伸长率可由实验测得。

由式(5－5)可得模型系缆的内部张力表达式为

$$T_m = d_m^2 C_{em}\left(\frac{\Delta L_m}{L_m}\right)^{n_m}$$

将上式代入式(5－6)中，并简化可得

$$\ln C_{em} + n_m \ln\left(\frac{\Delta L_m}{L_m}\right) = \ln\left(\frac{C_{es}}{\lambda^3}\right) + n_s \ln\left(\frac{\Delta L_s}{L_s}\right) \tag{5-7}$$

式中，$\frac{\Delta L_m}{L_m}$为模型系缆受到内部张力 T_m 时的平均伸长率；C_{em}和 n_m 为系数，与模型系缆的材料性质和尺寸有关，它们可以通过模型系缆的破断强力和直径求得，而模型系缆的破断强力和其破断时的平均伸长率可通过实验测得。

在式(5－7)中，实际系缆内部张力为 T_s 时的平均伸长率$\frac{\Delta L_s}{L_s}$可以根据式(5－5)求出，且随着 T_s 的不同，$\frac{\Delta L_s}{L_s}$也不同，故而在式(5－7)中 $\ln\left(\frac{\Delta L_s}{L_s}\right)$可以认为是一个随 T_s 变化而变化的量，即 $\ln\left(\frac{\Delta L_s}{L_s}\right)$是一个变量；同理，$\ln\left(\frac{\Delta L_m}{L_m}\right)$也是一个随 T_m 变化而变化的变量，并且 T_m 与 T_s 还具有一一对应的关系。在式(5－7)的剩余的量中，λ 为实际系缆与模型系缆之间的缩尺比，是确定的；系数 C_{es}和 n_s 为与实际系缆的材质和直径有关的量，是可以确定的；同样，系数 C_{em}和 n_m 为与模型系缆的材质和直径相关的量，且由实际系缆与模型系缆之间满足几何相似可知，模型系缆的直径是确定的，故而在式(5－7)中系数 C_{em}和 n_m 是仅与模型系缆的材质有关的量，当模型系缆的材质确定之后，系数 C_{em}即是一个常数，因此在式(5－7)中 $\ln C_{em}$和 $\ln\left(\frac{C_{es}}{\lambda^3}\right)$为固定的数值量。从以上分析可知，式(5－7)中的等式左右两侧分别都有数值量和变量，那么其左右两侧的数值量和变量应该是对应相等的，即

$$\begin{cases}\ln C_{em} = \ln\left(\frac{C_{es}}{\lambda^3}\right) \\ n_m \ln\left(\frac{\Delta L_m}{L_m}\right) = n_s \ln\left(\frac{\Delta L_s}{L_s}\right)\end{cases} \tag{5-8}$$

故而由式(5－8)可知，实际系缆与模型系缆之间满足弹性相似（即系缆所受的内力相似）的条件为

$$\begin{cases}C_{em} = \frac{C_{es}}{\lambda^3} \\ n_m = n_s\end{cases} \tag{5-9}$$

综上所述，本实验需要满足式(5－1)、式(5－3)和式(5－9)这三个相似条件后方可有

效进行。

5.1.4 实验要求与步骤

1. 实验要求

(1) 认真阅读本节前面的内容，理解实验的原理，着重理解实验原理中的弹性相似部分，熟练掌握实验中用到的设备使用方法和实验步骤。

(2) 实验过程中需要注意人身安全和实验室的设备财产安全，在使用设备仪器时要做到“不会用的不乱用，用不到的不启动”。

(3) 由于本节介绍的是一个专业性较强的实验，在实际生产、研究过程中与该实验完全相同的情况相对较少，但是与之相似的情况却有很多，因此需要在熟练掌握本实验内容的基础上，做到遇到相似问题时能够自主设计实验方案，完成实验测量。

(4) 实验完成后检查实验结果，无误后，将实验过程中用到的仪器、设备和模型等拆卸、整理、归位，将用过的工具、材料等整理、归位，将实验过程中产生的垃圾整理、分类并带出实验室。

2. 实验步骤

(1) 实验前，对本实验所用到的设备和仪器等进行标定与校验。

a. 对流速测量装置的误差及测量精度进行校验，并明确其误差和精度是否满足实验要求。

b. 对循环水槽的水流流速进行标定，确定循环水槽动力段电机转速与实验段水流流速的关系曲线（即 $N-v$ 曲线）。

c. 对高精度六分力天平进行校对与标定，确定天平各个方向上的应变与受力的关系曲线（即 $\varepsilon-F$ 曲线）。

(2) 安装实验设备仪器与模型。

a. 将带刻度系缆转盘以 U 型钳夹持在实验支撑架上，并且保证固定盘上的 0 刻度与 180 刻度的连线与来流方向平行。

b. 将高精度六分力天平安装在系缆转盘上，并保证六分力天平中心与转盘中心的垂向投影重合。

c. 将池底重物块安置在六自由度天平的正下方，将模型系缆的一端连接到六自由度天平下方中心位置处，另一端连接到池底重物上。安装时需要注意两方面，一是天平及重物连接时需要刚性固定，即系缆与天平及重物的连接位置处在系缆受力后不得产生自由转动或移动（可通过螺栓压紧的形式固定）；二是首次实验时系缆的实验段应是自由伸展状态，即系缆在与天平的连接位置和与重物的连接位置之间的部分，在无外力作用下内部无张力，且此时系缆已完全伸展开。

(3) 开启数据采集仪及相关软硬件系统，并检查测力天平的数据是否归零，归零后，根据实验前制订的工况方案，参照前面标定的 $N-v$ 曲线，启动循环水槽动力段电机，使实验段水流达到预定流速。在制订实验方案时，需要注意本实验中有三个变量共同影响着系缆的受力情况，一是水流流速 V_m，二是系缆与过系缆下端垂线之间的夹角 β（由于系缆所系结构物通常浮于水面,因此该角度通常较小),三是系缆在水平面上的投影与水流流线之间的夹角 $\alpha(0°\sim180°)$。

(4)参照前期标定的 $N-v$ 曲线,依次改变循环水槽动力段电机的转速,使工作段水流流速依次达到预定的实验工况,分别记录不同工况时,六分力天平在 x、y、z 三个方向上所测得的分力数据。

(5)根据实验工况中的 β 值,更换测力天平安装在转盘上的位置,而后根据实验工况中的 α 值以及固定刻度盘上的刻度依次调节角度 α,然后重复步骤(3)和(4)。

(6)根据实验工况,依次调节 β 值后,重复步骤(5)。

(7)实验完成后,检查实验结果是否可靠,检查无误后,将所有有效的实验数据记录于相应位置处,关闭实验过程中所开启的全部设备和仪器,并将实验设备、仪器、工具、材料等均拆卸、整理、归位,将实验过程中产生的垃圾分类、带走。

5.1.5　实验结果与处理

(1)实验前,将制订好的实验工况方案,填入表 5-1 中,以方便实验过程中的数据记录。

(2)根据实验工况,将实验过程中测得数据 F_x、F_y 和 F_z 依次记录至表 5-1 中。

表 5-1　模型系缆受力结果记录表

$\alpha=$　　;$\beta=$					$\alpha=$　　;$\beta=$				
$V_m/(m\cdot s^{-1})$	F_x/N	F_y/N	F_z/N	张力 T/N	$V_m/(m\cdot s^{-1})$	F_x/N	F_y/N	F_z/N	张力 T/N
$\alpha=$　　;$\beta=$					$\alpha=\cdots;\beta=\cdots$				
$V_m/(m\cdot s^{-1})$	F_x/N	F_y/N	F_z/N	张力 T/N	$V_m/(m\cdot s^{-1})$	F_x/N	F_y/N	F_z/N	张力 T/N

(3)根据表 5-1 中记录的系缆在 x、y、z 三个方向上的受力值 F_x、F_y 和 F_z 以及式(5-10),计算出不同工况时系缆自身的张力值 T,并填入表 5-1 中。

$$T = \sqrt{F_x^2 + F_y^2 + F_z^2} \tag{5-10}$$

(4)根据表 5－1 中的数据在图 5－2 中绘制出模型系缆在不同水流流速、不同来流攻角(α 和 β 的不同即是系缆来流攻角的不同)时的内部张力值,并据此分析水流流速及来流攻角对系缆内部张力的影响。

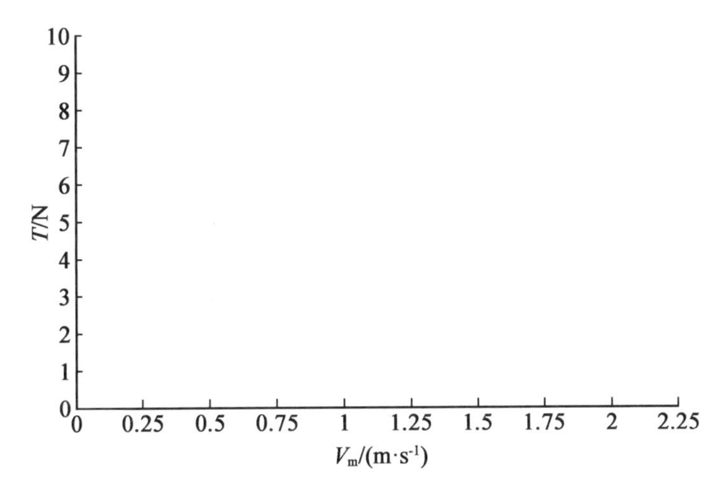

图 5－2　系缆张力在不同流速时的变化曲线($V_m - T$ 曲线)

5.1.6　实验应用与思考

(1)如何根据实验测得的模型系缆内部张力值计算实际系缆的内部张力值?

(2)如何根据实验测得的模型系缆受力结果计算出实际系缆在洋流所用下所受到的阻力值和侧向力的值?

(3)现需用水面船舶拖曳一个长 25 m 的圆筒状水下结构体自北向南航行,已知水面船舶的最大航速为 22 kn,且在船舶的航行途中有一片区域存在着自西向东的洋流,洋流速度约为 2.5 m/s,计划用长 35 m、直径 50 mm 的尼龙绳拖拽水下结构体。请设计实验方案,并进行实验,根据实验结果,分析所用系缆是否合适。如合适,请结合实验结果分析说明理由,如不合适,请结合实验结果确定所需系缆的材质及尺寸。

5.2　海洋仪器装备测试平台的水动力性能实验

海洋仪器装备测试平台是研究海洋相关数据参数的利器之一,它的主要作用是搭载用于海洋数据检测或监测的仪器和设备。目前,用于搭载这些仪器设备的平台有很多,如水面舰船、水下航行器、浮标、潜标和固定式浮台等,其中水面舰船和水下航行器等搭载平台为移动式平台,可根据任务需求赴不同海域进行实际测试,机动性较好且测试设备更换方便,但是测试周期相对较短,所测量的样本数量相对较少。而对于海洋这个内部复杂的庞然大物而言,其各项数据参数均是经过长期大量的数据采集,最终总结样本参数所得出的,因此相对于机动性较好的移动式搭载平台而言,长期驻扎的固定式搭载平台更有利于实现特定区域内的海洋物理数据的监测与采集。由于固定式平台长期由系缆固定在海洋中的某一区域范围内,其工作过程中必然会受到洋流和海浪的影响,而洋流和海浪不仅直接影响着平台的运动状态,也间接地影响着平台上仪器设备的工作环境以及系缆的内部张力,如平台剧烈运动可能会导致其内部搭载的仪器设备移位、故障甚至损坏,并且平台的剧烈运动还可能会导致与其连接的系缆内部张力过大而产生损坏、断裂,使得平台失去控制,随洋流漂泊。故而,在海洋中投放固定式平台时,需要提前了解投放区域内的洋流及海浪状态以及平台的水动力性能,以预估平台在洋流和海浪下的运动响应情况,保证平台及其上所搭载的仪器设备的安全运行。本节基于循环水槽的功能特点,将主要对平台在水流作用下的水动力性能测量实验方案进行介绍。

5.2.1　实验目的

(1)了解海洋仪器装备测试平台水动力实验的目的和意义,理解固定式浮台在洋流作用下的模型水动力实验原理、仪器设备使用方法和原理以及实验步骤、数据处理方法等内容。

(2)测量浮台模型在水流作用下的水动力性能,据此分析实际洋流对于浮台运动状态的影响,从而预报浮台投放后的工作效果,为其内部搭载仪器设备工作环境提供参考。

(3)研究洋流对不同类型平台水动力响应情况的影响,为不同洋流情况和不同海域环境下投放固定式平台时提供参考,同时为平台的水动力性能优化设计与研发以及水动力性能参数分析等提供实验结果支撑。

(4)提高实验者的工程实践能力和实验素养,锻炼实验者的科研实验技能和素养等。

5.2.2　实验所用到的仪器设备

本次实验所用到的仪器设备主要有:循环水槽、六分力天平、数据采集仪、工控机、实验架、平台模型、流速测量装置和水温计等。

5.2.3　实验原理

洋流在流经海洋仪器装备测试平台外表面时会对静止的平台产生一个推动力,而这个推动力及其后续改变平台运动状态的情况是洋流对平台水动力响应影响结果。与洋流施加到平台上的推动力相反,洋流流经平台外表面时,平台也会对流动的海水产生一定的阻力,而根据阻力成分的成因大致可分为形状阻力和黏性阻力两大类,其中形状阻力主要是由于洋流流经平台外表面时,平台表面的压力发生变化,因此其对海水产生一定的阻力;黏性阻力主要是由于海水具有一定的黏性,当其从平台表面流过时,会在平台周围形成“边界层”,海水流经平台表面时受到黏性切应力的作用,流经平台表面的海水产生一定的阻力。从相似条件的角度来看,形状阻力主要受弗劳德数的影响,黏性阻力主要受雷诺数的影响,而要想满足实物与模型间水动力性能的全相似则需要同时满足弗劳德相似和雷诺相似,但是通过4.1节的介绍可知,在进行模型水动力实验时,是不可能同时满足雷诺相似和弗劳德相似的,而受雷诺数影响的黏性阻力主要与平台的湿表面积有关,可通过平板阻力计算公式近似得出,受弗劳德数影响的形状阻力主要与平台的外表面积有关,无普适性的公式可对其进行准确计算,必须通过实验才能准确测出,因此平台在水流作用下的水动力实验原理与前面介绍的船模阻力实验原理极为相似,均是需要实物与模型间满足几何相似、弗劳德相似这两个相似条件。即实物与模型之间的外部轮廓相似,但尺寸不同,并且实验水流流过模型时的弗劳德数与实际洋流流过实物时的弗劳德数相等,可以以下公式进行表示:

$$\begin{cases}\dfrac{D_s}{D_m}=\lambda\\[2ex]\dfrac{V_s}{V_m}=\sqrt{\lambda}\end{cases}\tag{5-11}$$

式中,D_s 和 D_m 分别为实物和模型的尺寸,如平台的水线截面是圆形,则 D_s 和 D_m 分别表示实物和模型的水线截面直径;V_s 和 V_m 分别为洋流流速和实验时的水流流速;λ 为实物与模型之间的缩尺比。

5.2.4　实验要求与步骤

1. 实验要求

(1)由于本实验的原理与船模阻力实验的原理极其相似,因此在了解本实验的目的、所用仪器设备以及原理前,应了解4.1节中的相关内容,以更好地执行实验步骤。

(2)了解本实验的测量量以及实验结果的处理方法与应用方法,学会利用本实验的实验结果预估实际平台在洋流作用下的水动力性能响应影响。

(3)实验过程中要注意人身安全和设备财产安全,不得随意开启实验中用不到的仪器和设备,不轻易使用不了解或不熟悉的仪器设备,对了解和熟悉的仪器设备亦要谨慎使用;同时,注意在安装和拆卸仪器设备时需提前将仪器设备断电,不得带电作业。

(4)实验完成后需将所有用到的仪器设备和材料工具等均拆卸、归位,将实验过程中产生的垃圾分类后带出实验室,离开实验室前要确保水、电、门、窗等均处于关闭状态。

2. 实验步骤

(1)标定实验过程中用到的仪器和设备(标定内容和过程参照5.1节)。

(2)调节实验平台模型的配重,使平台模型的吃水满足几何相似的要求。

(3)安装仪器设备和实验模型。

a. 将六分力天平安装在实验支撑架的下方。

b. 调节支撑杆的位置,然后将平台模型安装到六分力天平的下方,使平台模型中心线近似处于循环水槽工作段宽度方向的中心,同时确保模型吃水不受安装的影响。

c. 将流速测量装置安装到工作段水流中离平台模型横向距离较远位置处,以确保不影响平台模型附近处的流场和流速,同时监测实验时的水流流速,以确保实验结果的可靠性。

d. 将相应的测量仪器线路及其他线路连接到对应位置处。

(4)实验开始前用水温计测量循环水槽内水体的温度 t_1,并记录;启动数据采集仪和工控机等相应实验过程中要用到的软硬件设备,并根据设备情况对其进行预热、初始化和清零等工作。

(5)根据实验前制订的实验工况方案开启循环水槽动力段电机,使工作段水流达到预定流速,并在水流稳定后读取平台模型所受到的纵向力 X_m 和横向力 Y_m 的数值记录于相应位置处;按照实验方案中的预定工况,参照步骤(1)中标定的 $N-v$ 曲线,依次调节动力段电机的转速,对平台模型在不同水流速度下的纵向力 X_m 和横向力 Y_m 进行测量(沿平台中纵剖面的受力为纵向力 X_m,垂直于平台中纵剖面的受力为横向力 Y_m),测量时需注意每个工况需测量三组以上有效数据,以降低水流流速波动对于实验结果的影响。

在设计实验方案时应注意实验工况需根据平台的结构类型制订,如平台结构的水下主体为圆柱体或类圆柱体等,其模型的水下部分各水线面截面为圆形这种中心对称的图形,那么在分析水动力对于平台模型的影响情况时,不同来流方向对其影响均是相似的,所不同的是定义了中纵剖面后,其所受到的横向力 X_m 和纵向力 Y_m 大小不同,但其可根据相关公式计算得出,因此在制订此类型的平台实验工况时,可不考虑来流方向(漂角)对于平台水动力性能的影响,仅考虑来流速度的影响即可。如平台结构的水下主体为长方体、椭圆柱体等这类水下各水线面截面为轴对称图形的结构体,那么在分析平台水动力影响时就需要考虑不同来流方向对于平台水动力性能的影响。在此将来流方向与纵向对称面(中纵剖面)之间的夹角定义为漂角 β,若平台的水下部分结构既关于中纵剖面对称又关于中横剖面对称,则在制订实验工况时,需考虑漂角 β 在 $0°\sim90°$范围内不同流速时的平台水动力性能情况;若平台的水下部分结构仅关于中纵剖面对称,则在制订实验工况时需考虑平台在漂角为 $0°\sim180°$范围内不同流速时的水动力性能情况;如平台结构的水下部分主体为非对称结构体,那么在设定实验工况时,就需考虑平台在漂角 β 为 $-180°\sim180°$范围内流速对其水动力性能的影响情况。

(6)所有实验工况均测试完成后,缓慢关闭循环水槽动力段电机,使槽内水体缓慢停止运动,待水流静止后,用水温计测量实验后的水体温度,并记录。

(7)检查实验数据,确认无误后将原始数据导出以备后续处理使用,而后关闭数据采集软件和相应仪器设备。

(8)将实验过程中所用到的仪器设备等均拆卸、整理、归位,将所用到的材料和工具等亦整理好并归位;将实验过程中产生的垃圾分类后带出实验室。

5.2.5　实验结果与处理

将实验过程中测得的水温数据记录于相应位置处,将实验过程中测得的平台模型所受到的横向力 X_m 和纵向力 Y_m 记录于表 5-2 中。

实验前水温 t_1 =________℃;实验后水温 t_2 =________℃。

实验过程中的水温 t =________℃;流体密度 ρ =________ kg/m^3。

表 5－2　平台在水流作用下的受力情况记录表

漂角 β/(°)	流速 V_m/(m·s^{-1})	第一次测量		第二次测量		第三次测量		平台受力结果		备注
		X_{m1}/N	Y_{m1}/N	X_{m2}/N	Y_{m2}/N	X_{m3}/N	Y_{m3}/N	X_m/N	Y_m/N	
…										

(1) 以实验前后的水温 t_1 和 t_2 的平均值作为实验过程中的水温值 t，$t=\frac{t_1+t_2}{2}$，并在附录 1 中查询得出水在温度 t 时的密度值 ρ。

(2) 根据实验得到的平台模型的三组横向力和纵向力的结果，求出平台模型在不同漂角 β 和流速 V_m 时的受力结果 X_m 和 Y_m，$X_m=\frac{X_{m1}+X_{m2}+X_{m3}}{3}$，$Y_m=\frac{Y_{m1}+Y_{m2}+Y_{m3}}{3}$，并将其填入表 5－2 中。

(3) 根据表 5－2 中的 V_m 值以及 X_m 和 Y_m 的值，分别在图 5－3 和图 5－4 中绘制出平台模型受到的纵向力 X_m 和横向力 Y_m 随其所受到的冲击水流流速 V_m 变化而变化的曲线，并分析规律（可将不同漂角 β 下的 V_m-X_m（或 Y_m）曲线绘制在同一张图中，以方便分析）。

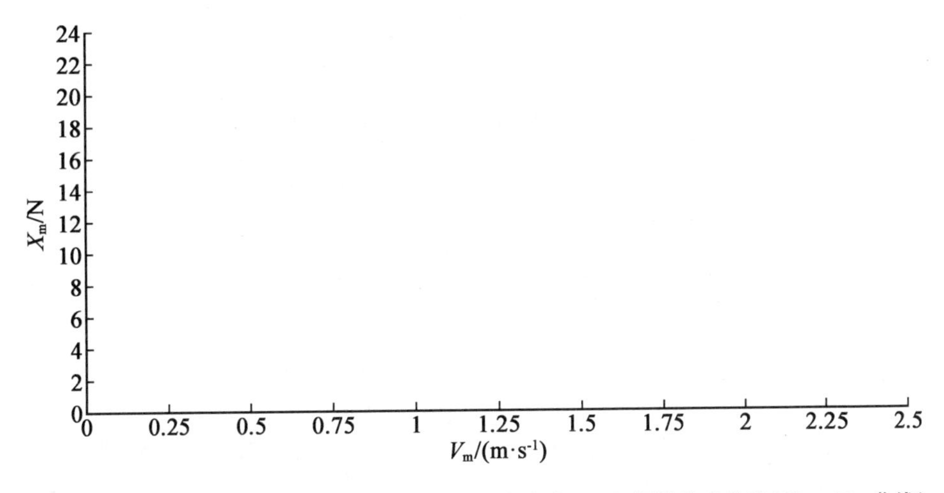

图 5－3　平台模型所受纵向力 X_m 与冲击水流流速 V_m 之间的关系曲线（V_m-X_m 曲线）

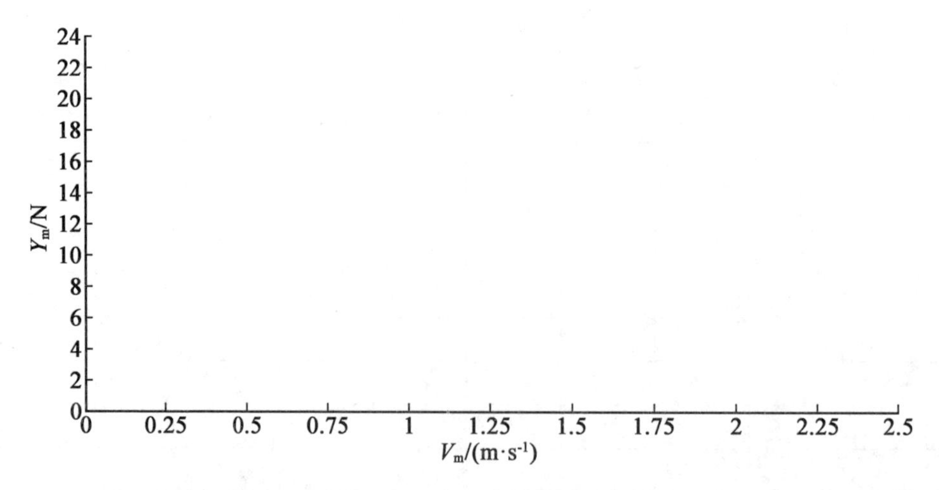

图 5-4　平台模型所受横向力 Y_m 与冲击水流流速 V_m 之间的关系曲线（V_m-Y_m 曲线）

(4)根据表 5-2 中的纵向力 X_m 和横向力 Y_m 计算出平台模型在不同漂角 β 和不同流速 V_m 情况时的水动力值 F,$F=\sqrt{X_m^2+Y_m^2}$,而后据此计算出平台模型的水动力系数(即总受力系数)C_m,$C_m=F/(1/2\rho V_m^2 S_m)$,并填入表 5-3 中。

表 5-3　平台模型与实际平台之间所受水动力大小的换算关系表

漂角 β/(°)	平台模型受力情况数据				剩余力系数 C_r	实际平台			
	流速 V_m /(m·s^{-1})	水动力 F_m/N	水动力系数 C_m	黏性力系数 C_{fm}		流速 V_s /(m·s^{-1})	黏性力系数 C_{fs}	水动力系数 C_s	水动力 F_s/N
…									

(5)根据平板摩擦阻力系数计算公式(1957ITTC 公式,可参见 4.1 节),分别计算出平台模型的黏性力系数和实际平台的黏性力系数 C_{fm}、C_{fs},而后据此计算出平台的剩余力系数 C_r。剩余力系数指的是平台水动力 F 减去摩擦力 f 之后所剩余的受力的系数,它主要与平

台的几何形状有关，故而平台模型的剩余力系数与实际平台的剩余力系数可认为是相等的，即 $C_r = C_{rs} = C_{rm} = C_m - C_{fm}$，并将计算得到的结果填入表5－3中的对应位置处。

（6）根据弗劳德相似和实验过程水流流经平台模型时的流速 V_m，计算出与实验方案对应的实际平台周围的洋流流速 V_s，$V_s = V_m\sqrt{\lambda}$，并填入表5－3中。

（7）根据平台的剩余力系数 C_r 和实际平台的黏性力系数 C_{fs} 计算出实际平台的水动力系数 C_s，$C_s = C_r + C_{fs}$，据此计算出实际平台的水动力 F_s，$F_s = C_s\dfrac{1}{2}\rho V_m^2 S_m$，并将其填入表5－3中的相应位置处。

（8）根据表5－3中的数据将实际平台在不同漂角 β 时其水动力 F_s 随洋流流速 V_s 变化而变化的曲线绘制在图5－5中，并根据实际需求在图中的横、纵坐标轴上标注刻度。

（9）根据图5－5中绘制的 $V_s - F_s$ 曲线，分析平台水动力随洋流流速变化的规律以及平台来流漂角变化时的水动力变化规律，并根据平台实际布置情况在曲线中找出实际平台对应受到的水动力值，以为平台实际布防提供参考；在对平台水动力进行分析时，可根据实际需求，通过式（5－12）计算出实际平台的纵向水动力 X_s 和横向水动力 Y_s，并对其分别进行分析。

$$\begin{cases} X_s = F_s\cos\beta \\ Y_s = F_s\sin\beta \end{cases} \tag{5-12}$$

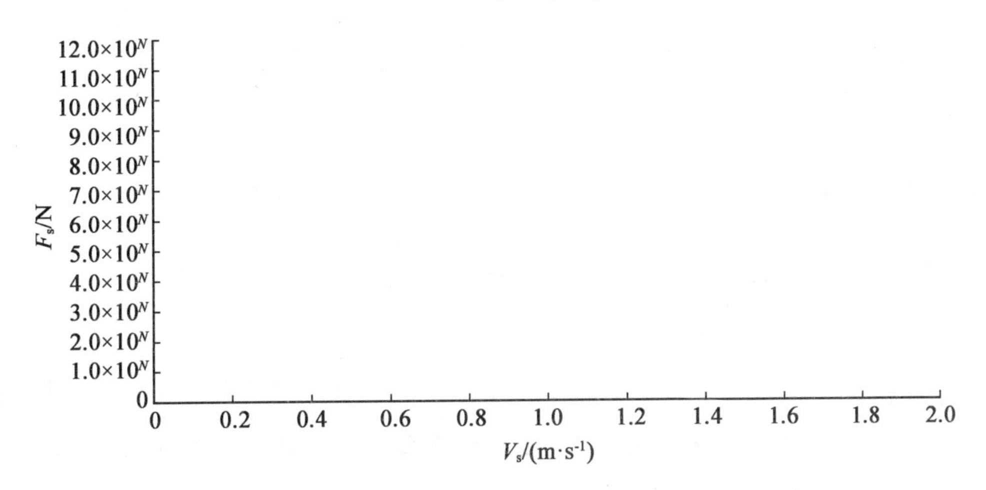

图5－5 平台在不同漂角情况下水动力随洋流流速的变化曲线（$V_s - F_s$ 曲线）（纵坐标中 N 需根据实际值确定）

以上步骤（4）～（9）为平台所布置的海域范围内洋流流向和流速均较为稳定时的数据处理方案，其过程简单，易于理解与计算，但适用范围相对较小，难以满足平台所布置海域中洋流流速不稳、流向多变情况时的水动力分析需求，因而在以下步骤（10）～（14）中介绍了另外一种平台在洋流作用下的水动力实验结果处理方法，即基于水动力导数的平台水动力处理与分析方法。

在介绍接下来的数据处理方法之前，需提前对本实验中涉及的坐标系和相对运动的转换情况进行简单介绍。本节前面的实验方案介绍了在循环水槽中测量平台受水流影响时的水动力实验过程，在这一过程中实验工况设置的核心思想是调节平台中纵剖面与水流流向之间的夹角（即漂角 β）的大小，来实现不同洋流流向时的平台水动力测量，其具体实验方案的示意图如图 5－6 所示。本节中介绍的实验内容除了可以在循环水槽或拖曳水池中完成外，还可以在海工综合水池中完成，其实验方法虽然与在循环水槽中进行实验时略有差别，但是其原理几乎完全相同。在原理方面的唯一不同之处在于，在循环水槽中进行实验时是采取的是模型不动水流动的方式，通过调节漂角 β 实现不同角度来流的测量；在海工综合水池中进行实验时是采用水不动拖车拖曳模型动的方式，通过调节拖车拖曳模型的纵向速度 u 和横向速度 v 来实现对不同角度来流的测量，该实验方案的示意图如图 5－7 所示。根据模型与水流的相对运动可知，在循环水槽中采用模型不动水动方式进行实验和在海工综合水池中采用水不动模型动方式进行实验其结果是等效的，由此可知当模型顺时针旋转角度 β 后在循环水槽中受到流速 V_m 的水流冲击时的实验工况等效于在海工综合水池中以速度大小为 V_m、速度方向为沿中横剖面的法向逆时针旋转角度 β 后拖曳平台模型运动时的工况，由图 5－7 可知在该工况中模型的纵向速度和横向速度分别为

$$\begin{cases} u = V_m \cos\beta \\ v = V_m \sin\beta \end{cases} \tag{5-13}$$

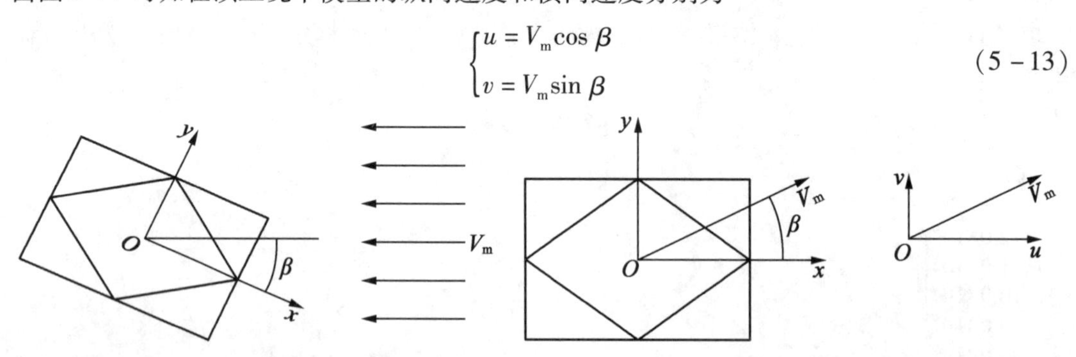

图 5－6　循环水槽中实验方案示意图

图 5－7　平台斜拖实验方案示意图

在介绍基于水动力导数的平台水动力处理与分析方法之前，还需对平台的水动力导数进行简单的介绍。水动力导数指的是一系列可以与运动参数相乘后求和来表示水动力的偏导数，如 $X_u = \dfrac{\partial X}{\partial u}$、$Y_v = \dfrac{\partial Y}{\partial v}$ 等。由于本实验只考虑平台在不同漂角 β 和不同水流流速时水动力情况，因此只需考虑平台等效斜拖实验水动力即可，那么平台的水动力可以下列公式进行表示：

$$\begin{cases} X_H = X(u) + X(v) + X(u,v) \\ Y_H = Y(v) + Y(u) + Y(u,v) \end{cases} \tag{5-14}$$

式中，$X(u)$ 和 $Y(u)$ 表示由纵向速度引起的纵向水动力和横向水动力；$X(v)$ 和 $Y(v)$ 表示由横向速度引起的纵向水动力和横向水动力；$X(u,v)$ 和 $Y(u,v)$ 表示由纵向速度和横向速度耦合影响而产生的纵向水动力和横向水动力。

（10）将表 5－2 中相关数据，如漂角 β、水流流速（即等效航速）V_m 以及纵向力 X_m 和横向力 Y_m 的值对应填入表 5－4 中，并以式（5－13）计算出平台在等效斜拖实验中的纵向速度 u 和横向速度 v，其中纵向速度 u 在 $\beta \in [0°, 90°)$ 和 $\beta \in (270°, 360°)$ 时为正，在 $\beta \in (90°,$

270°)时为负,横向速度 v 在 $\beta \in (0°,180°)$ 时为正,在 $\beta \in (180°,360°)$ 时为负, 纵向力 X 的方向和横向力 Y 的方向分别以纵向速度 u 的反方向(即 $-u$)和横向速度 v 的反方向(即 $-v$)为正,所有数据计算完成并检查无误后填入表 5 - 4 中。

表 5 - 4　平台模型等效斜拖实验水动力结果处理相关参数表

序号	漂角 β/(°)	等效航速 V_m/(m · s^{-1})	等效纵向航速 u/(m · s^{-1})	等效横向航速 v/(m · s^{-1})	纵向力 X_m/N	横向力 Y_m/N	备注
1							
2							
3							
4							
5							
6							
7							
8							
9							
…							

(11)根据表 5 - 4 中 $\beta = 0°$ 和 $\beta = 180°$ 时的等效纵向速度 u 和纵向力 X_m 以及横向力 Y_m,在图 5 - 8 和图 5 - 9 中分别绘制出纵向力和横向力随纵向速度变化而变化的曲线,即 $u - X_m$ 曲线和 $u - Y_m$ 曲线,并利用最小二乘法对 $u - X_m$ 曲线和 $u - Y_m$ 曲线进行拟合回归,得出 X_m 和 Y_m 关于 u 的三阶拟合公式,其公式结构见式(5 - 15)。式(5 - 15)是平台纵向力(横向力)关于纵向速度的通用结构形式,对于不同情况其结构可能还会有所简化,如当平台水下部分的各水线面截面均是中心对称的结构或均是关于中横剖面和中纵剖面对称的结构等这一类使 $u - X_m$ 曲线和 $u - Y_m$ 曲线关于坐标轴中心对称的结构,则 X_m 和 Y_m 关于 u 的函数形式将是奇函数,那么式中的二阶水动力导数 X_{uu} 和 Y_{uu} 将为 0,如此式(5 - 15)的结构形式将会被简化。且当平台的水下结构满足中纵剖面对称时,当平台仅沿纵向速度 u 运动时,其横向力由于对称两侧受力相互抵消,那么此时平台的横向力 Y 将为 0,则式(5 - 15)将会被简化成仅有 $X(u)$ 的公式。对于公式中并没有可能存在的常数 X_0 或 Y_0 的原因是平台在静水无流的情况下处于平衡状态时,其纵向水动力 X 和横向水动力 Y 必然为零,即 $X_0 = Y_0 = 0$,因而式(5 - 15)中并无常数。同理,在后续介绍的 $X(v)$、$Y(v)$ 和 $X(u,v)$、$Y(u,v)$ 的公式结构中亦无常数量。

$$\begin{cases} X_m = X_u u + X_{uu} u^2 + X_{uuu} u^3 \\ Y_m = Y_u u + Y_{uu} u^2 + Y_{uuu} u^3 \end{cases} \Rightarrow \begin{cases} X(u) = X_u u + X_{uu} u^2 + X_{uuu} u^3 \\ Y(u) = Y_u u + Y_{uu} u^2 + Y_{uuu} u^3 \end{cases} \tag{5 - 15}$$

式中,$X_u(Y_u)$、$X_{uu}(Y_{uu})$ 和 $X_{uuu}(Y_{uuu})$ 分别是纵向力(横向力)关于纵向速度 u 的一阶水动力导数、二阶水动力导数和三阶水动力导数。

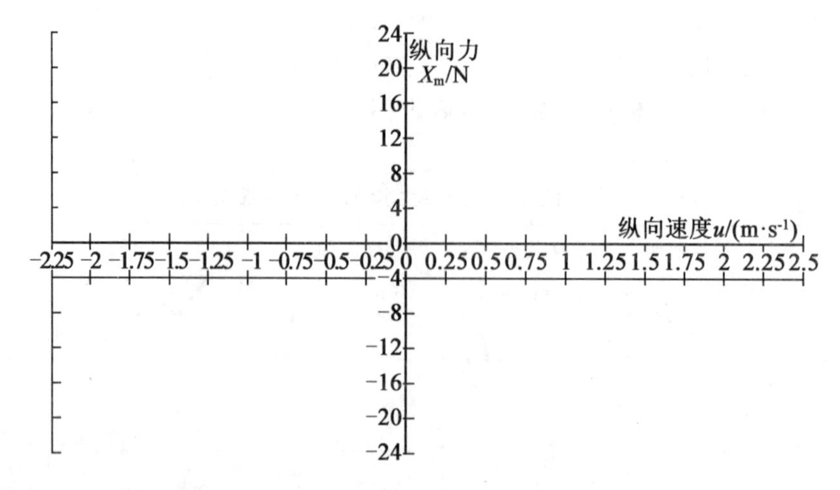

图5-8　$\beta=0°$和180°时纵向力随纵向速度变化的曲线($\beta=0°$和180°时的$u-X_m$曲线)

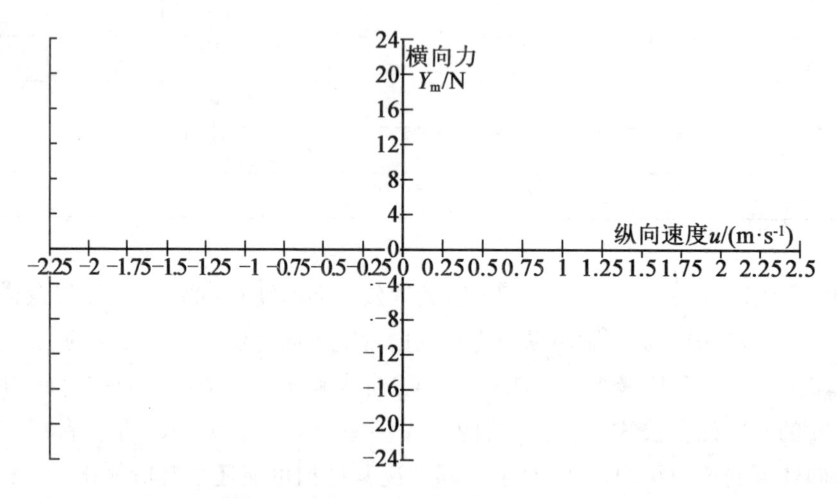

图5-9　$\beta=0°$和180°时横向力随纵向速度变化的曲线($\beta=0°$和180°时的$u-Y_m$曲线)

(12)根据表5-4中$\beta=90°$和$\beta=270°$时的等效横向速度v和纵向力X_m、横向力Y_m分别在图5-10和图5-11中绘制出纵向力X_m和横向力Y_m随横向速度v变化而变化的曲线,并利用最小二乘法对$v-X_m$曲线和$v-Y_m$曲线进行拟合回归得出X_m和Y_m关于v的三阶拟合多项式,其结构形式如式(5-16)所示。根据本节中前文对于实验方案的介绍,当平台水下部分各水线面截面为中心对称时,仅需测量$\beta=0°$时的数据即可,那是因为对于此种结构的平台,当来流流速大小一致时,其所测得的水动力大小也一致,仅受力方向随来流方向的不同而不同,因而对于该种结构,当$\beta=90°$和270°时,Y_m在不同流速时的值与$\beta=0°$时X_m在对应流速时的值相等,且此时纵向力X的值为零,同时横向力Y与横向速度v之间的函数关系为奇函数;对于本节前面介绍的平台的水下部分截面同时关于中横剖面和中纵剖面对称时,测试工况中漂角β的取值范围在[0°,90°]内,当$\beta=90°$和270°时,其纵向力X为0,且横向力Y与速度v之间的函数关系为奇函数;当平台的水下结构部分各水线面截面关于中纵剖面对称时,测试工况中漂角β的取值范围在[0°,180°]之内,而当$\beta=90°$和270°

时,平台所受到的横向力 Y 和横向速度 v 之间的函数为奇函数,所受到的纵向力 X 和横向速度 v 之间的函数关系为偶函数。

$$\begin{cases} X_m = X_v v + X_{vv} v^2 + X_{vvv} v^3 \\ Y_m = Y_v v + Y_{vv} v^2 + Y_{vvv} v^3 \end{cases} \Rightarrow \begin{cases} X(v) = X_v v + X_{vv} v^2 + X_{vvv} v^3 \\ Y(v) = Y_v v + Y_{vv} v^2 + Y_{vvv} v^3 \end{cases} \tag{5-16}$$

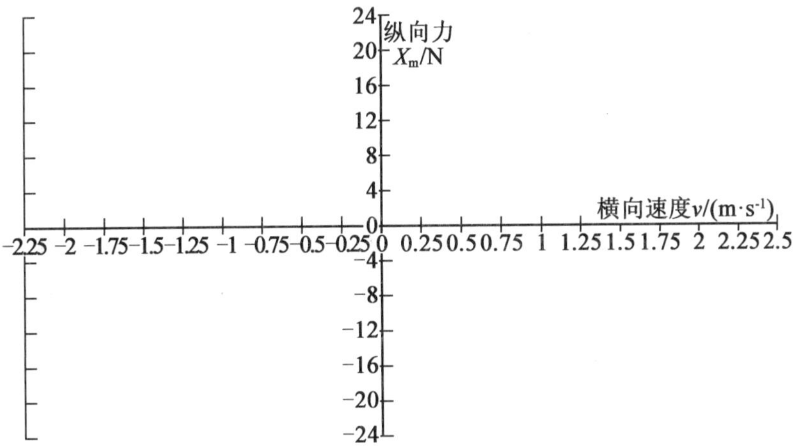

图 5-10　$\boldsymbol{\beta}$=90°和 270°时纵向力随横向速度的变化曲线($\boldsymbol{\beta}$=90°和 270°时的 $v-X_m$ 曲线)

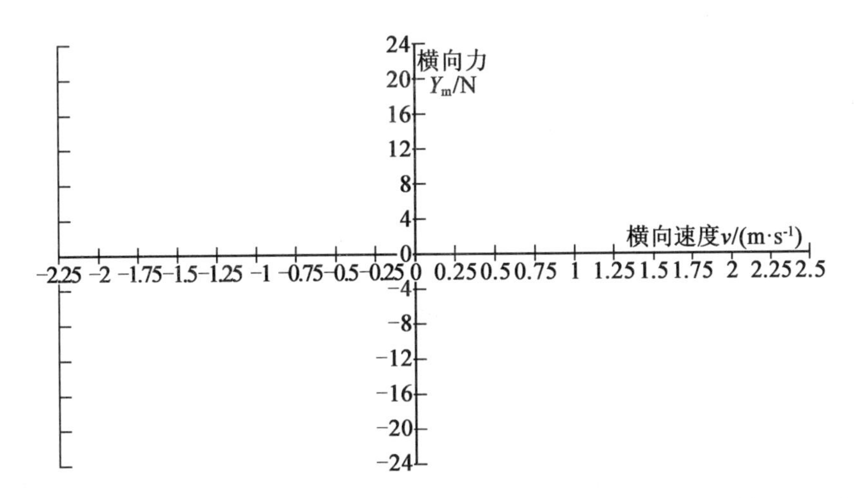

图 5-11　$\boldsymbol{\beta}$=90°和 270°时横向力随横向速度的变化曲线($\boldsymbol{\beta}$=90°和 270°时的 $v-Y_m$ 曲线)

(13)将 $\beta \neq 0°$、90°、180°和 270°时的其他所有漂角下的纵向力 X_m 和横向力 Y_m 随纵向速度 u 变化而变化的曲线均绘制在图 5-12 和图 5-13 中,并根据绘制出的曲线、表 5-4 中的数据以及前面求出的 X_u、X_{uu}、X_{uuu} 和 Y_v、Y_{vv}、Y_{vvv} 等以最小二乘法回归分析得出受纵向速度和横向速度耦合影响的水动力导数 X_{uv}、X_{uvv}、X_{uuv} 和 Y_{uv}、Y_{uvv}、Y_{uuv},其最终拟合后的公式结构如下:

$$\begin{cases} X_m = X_u u + X_{uu} u^2 + X_{uuu} u^3 + X_v v + X_{vv} v^2 + X_{vvv} v^3 + X_{uv} uv + X_{uuv} u^2 v + X_{uvv} uv^2 \\ Y_m = Y_u u + Y_{uu} u^2 + Y_{uuu} u^3 + Y_v v + Y_{vv} v^2 + Y_{vvv} v^3 + Y_{uv} uv + Y_{uuv} u^2 v + Y_{uvv} uv^2 \end{cases} \tag{5-17}$$

式(5 - 17)中的 $X_{uv}uv + X_{uuv}u^2v + X_{uvv}uv^2$ 和 $Y_{uv}uv + Y_{uuv}u^2v + Y_{uvv}uv^2$ 即是式(5 - 14)中的 $X(u,v)$ 和 $Y(u,v)$，由此可知因纵向速度和横向速度耦合影响产生的水动力表达公式为

$$\begin{cases} X(u,v) = X_{uv}uv + X_{uuv}u^2v + X_{uvv}uv^2 \\ Y(u,v) = Y_{uv}uv + Y_{uuv}u^2v + Y_{uvv}uv^2 \end{cases} \tag{5-18}$$

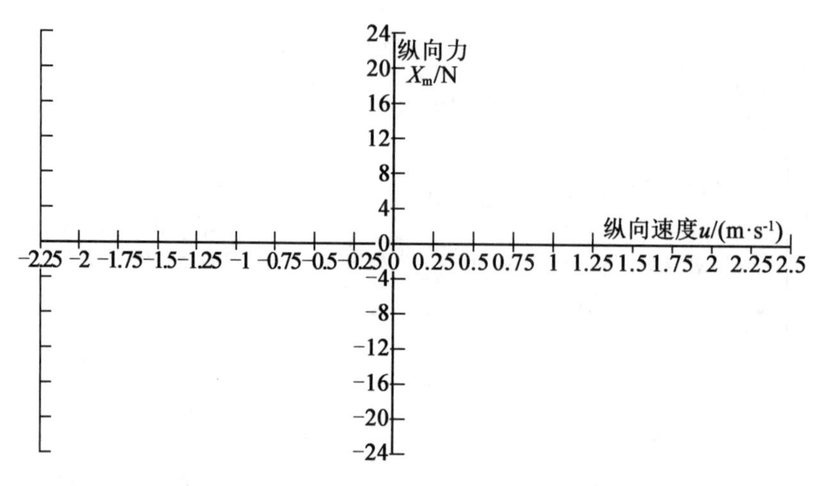

图 5 - 12 $\beta \neq 0°$、90°、180°和 270°时纵向力随纵向速度的变化曲线($\beta \neq 0°$、90°、180°和 270°时的 $u - X_m$ 曲线)

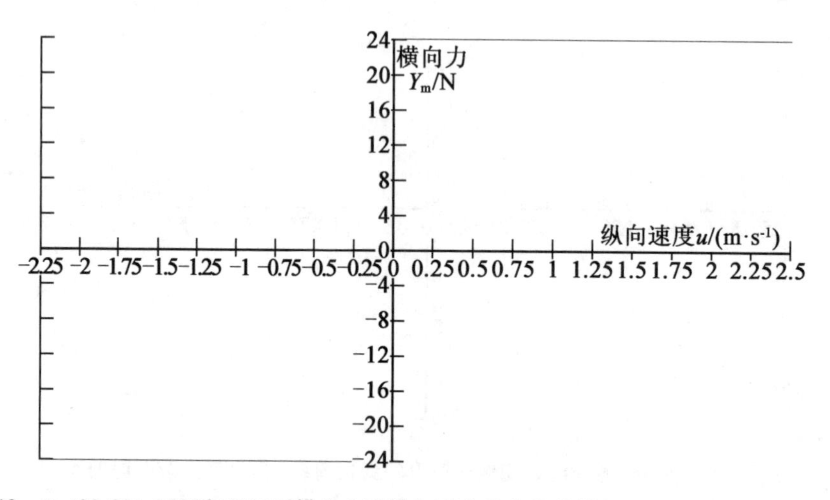

图 5 - 13 $\beta \neq 0°$、90°、180°和 270°时横向力随纵向速度的变化曲线($\beta \neq 0°$、90°、180°和 270°时的 $u - Y_m$ 曲线)

(14)将前面分析中得出的各个水动力导数对应填入表 5 - 5 中，而后以下列公式对应将各个水动力导数进行无量纲化处理，同时以无量纲化后的值求出实际平台的水动力导数，最后参照式(5 - 17)求出实际平台在不同洋流情况下的水动力。

$$X'_u = \frac{X_u}{1/2\rho L^2 V},\quad Y'_u = \frac{Y_u}{1/2\rho L^2 V},\quad X'_v = \frac{X_v}{1/2\rho L^2 V},\quad Y'_v = \frac{Y_v}{1/2\rho L^2 V}$$

$$X'_{uu}=\frac{X_{uu}}{\frac{1}{2}\rho L^2},\quad Y'_{uu}=\frac{Y_{uu}}{\frac{1}{2}\rho L^2},\quad X'_{vv}=\frac{X_{vv}}{\frac{1}{2}\rho L^2},\quad Y'_{vv}=\frac{Y_{vv}}{\frac{1}{2}\rho L^2}$$

$$X'_{uuu}=\frac{X_{uuu}V}{\frac{1}{2}\rho L^2},\quad Y'_{uuu}=\frac{Y_{uuu}V}{\frac{1}{2}\rho L^2},\quad X'_{vvv}=\frac{X_{vvv}V}{\frac{1}{2}\rho L^2},\quad Y'_{vvv}=\frac{Y_{vvv}V}{\frac{1}{2}\rho L^2}$$

表 5－5　平台模型水动力导数与实际平台水动力导数换算过程表

水动力导数形式	平台模型水动力导数值	水动力导数无量纲化值	实际平台水动力导数值
X_u			
X_{uu}			
X_{uuu}			
X_v			
X_{vv}			
X_{vvv}			
X_{uv}			
X_{uuv}			
X_{uvv}			
Y_u			
Y_{uu}			
Y_{uuu}			
Y_v			
Y_{vv}			
Y_{vvv}			
Y_{uv}			
Y_{uuv}			
Y_{uvv}			

5.2.6　实验应用与思考

(1)假设不具备实验条件,那么还可以用何种方法分析平台的水动力性能?

(2)参照本节中介绍的内容,设计平台受海浪影响时的水动力响应模型实验方案,并明确本实验所需要用到的实验设施和仪器。

5.3　河流闸门拖航阻力及水流冲击动力响应测量实验

河流、水库等的闸门是重要的水工装备设施，其种类和形式繁多，但其核心功能均是截水、蓄水和放水，因而其不可避免地会面临水流冲击其迎流面的情况，当闸门的迎流面受到水流冲击时，由于紊流状态下水流分离、重附、扩散、旋滚、振动等所产生的大尺度漩涡引起的脉动载荷作用到闸门上会使得闸门产生流激振动；当闸门在特殊水动力作用下产生强烈振动时可能会使得其自身产生难以恢复的破坏性损伤，因此对闸门在水流冲击下的水动力性能进行研究必然是闸门设计与安全运行过程中不可避免的一个重要问题，模型实验是该研究领域中非常有效的一种方法。

对于某些安装在河流中的大型闸门，其有些情况下不便于陆路运输，因而此时需要由拖船在河道中拖曳着这些闸门将其运送至相应位置处，而拖船拖曳运送闸门时，需要根据闸门的阻力选择动力适宜的拖船，以节能高效地将其运送到指定位置处，保证闸门安装工程的顺利进行。闸门拖航阻力实验是确定闸门阻力最准确、有效的方式之一。因此本节将对涉及水工装备——闸门的两个主要实验：拖航阻力实验和水流冲击动力响应实验进行简单介绍。

5.3.1　实验目的

(1)测量出闸门模型拖航时的阻力值，并据此推算出实际闸门在河道中拖航时的阻力值，以选择合适的拖船拖曳闸门航行。

(2)测量出闸门模型受到水流冲击时的水动力响应结果，并据此预估实际闸门在运行过程中受到水流冲击后的水动力响应情况，以保证闸门安全运行，防止事故发生。

(3)为进行闸门设计时建立的系列资料库提供实验支撑，同时为新型闸门的设计与运行安全提供实验保障。

(4)培育实验参与者的工程实验素养和实践动手能力，同时锻炼其实践应用能力和实验方案设计能力，以达到通过实验学习知识、提高能力的目的。

5.3.2　实验所用到的仪器设备

本次实验所用到的仪器设备主要有：循环水槽(或循环水槽)、六分力天平、数据采集仪、电脑(或工控机)、闸门实验模型、模型实验架、压力传感器、振动测量传感器(位移或加速度)、应变片、导线、电烙铁、焊锡、胶水、硅胶等。

5.3.3　实验原理

本节介绍的内容主要包含闸门模型的拖航实验和闸门模型的水流冲击动力响应测量实验两部分内容，而由于闸门模型拖航实验的原理与前面介绍的船模阻力实验的原理相类似，故而在此不再进行详细介绍。本节将主要对闸门模型的水流冲击动力响应测量实验的原理进行简单介绍。

在设计闸门模型水流冲击动力响应测量实验时需要满足两大系统相似条件，一是水流动力系统相似条件，二是结构动力系统相似条件。其中，水流动力系统相似条件主要是为了保证闸门所处的水流环境相似，亦即作用于闸门上的水流状态相似。水流动力系统的相似条件主要包含弗劳德相似和雷诺相似，但是依据4.1节的介绍，在模型实验中同时满足这两个相似条件是十分困难的，因此需对实验情况进行分析，探讨简化水流动力相似条件的可能性。根据水流的特性可知，当水流处于阻力平方区（即完全湍流区，指的是紊流时，随着雷诺数 Re 的增大，摩擦阻力系数将不断减小，且当雷诺数增大到一定程度时，摩擦阻力系数将基本保持不变，而此时的沿程阻力与速度的平方成正比，这也称为阻力平方区）时，黏性对于水流的影响相对较小，故而在设计实验方案的过程中无法满足水流动力系统的全相似时，可以将实验工况设置在满足阻力平方区的范围内，而后仅考虑弗劳德相似即可。故而本实验中的水流动力系统相似条件即弗劳德相似

$$Fr_{\mathrm{m}}=\frac{V_{\mathrm{m}}}{\sqrt{gL_{\mathrm{m}}}}=\frac{V_{\mathrm{s}}}{\sqrt{gL_{\mathrm{s}}}}=Fr_{\mathrm{s}}$$

式中，V_{m} 和 V_{s} 分别为模型实验来流速度和实际水流速度；L_{m} 和 L_{s} 分别为闸门模型尺度和实际闸门尺度。

结构动力系统的相似条件主要是为了保证实际闸门与模型闸门之间的结构以及其特性相似，以更好地模拟实际闸门受到水流冲击时的动力响应情况，它主要包含几何相似、弹性相似、运动相似和边界条件相似等四部分相似条件。其中，本实验中的几何相似与其他模型实验时的几何相似条件一样，均是要求模型与实物之间仅尺度不同，其余外部形状完全相似。实物与模型之间满足几何相似则有

$$\frac{L_{\mathrm{s}}}{L_{\mathrm{m}}}=\lambda$$

式中，λ 为实物与模型之间的缩尺比。

本实验中的弹性相似指的是模型结构材料的特性及其受力后产生的变化与实物相似；运动相似指的是模型结构的运动状态和产生这一运动状态的条件与实物相似。由于闸门模型或实际闸门在受到水流冲击时会产生振动响应，而物体的振动情况与其材料特性（如弹性模量等）和运动状态均相关，故弹性相似条件和运动相似条件主要是为了保证模型实验时的振动状态与实物的振动状态相似，在此共同进行介绍。根据达朗贝尔原理，一个振动系统的动态特性和其振动响应情况可由以下公式表达：

$$\boldsymbol{M}\ddot{\boldsymbol{X}}(t)+\boldsymbol{C}\dot{\boldsymbol{X}}(t)+\boldsymbol{K}\boldsymbol{X}(t)=\boldsymbol{f}(t) \tag{5-19}$$

式中，$\boldsymbol{M}$、$\boldsymbol{C}$、$\boldsymbol{K}$ 分别为系统的质量（矩阵）、阻尼（矩阵）和刚度（矩阵）；$\ddot{\boldsymbol{X}}(t)$、$\dot{\boldsymbol{X}}(t)$ 和 $\boldsymbol{X}(t)$ 分别为系统的加速度（矩阵）、速度（矩阵）和位移（矩阵）；$\boldsymbol{f}(t)$ 为系统所受到的外力（矩阵）。由于式（5-19）中涉及加速度、速度和位移，其余时间 t 密不可分，因此需首先对时间缩尺比进行简单介绍。

假设实际来流流过距离 X_{s} 时，与之对应的实验水流流过距离为 X_{m}，如图5-14所示，那么根据几何相似条件可知：$\frac{X_{\mathrm{s}}}{X_{\mathrm{m}}}=\lambda$，而根据简单的速度、时间与距离的关系即有

$$\frac{t_s}{t_m}=\frac{\frac{X_s}{X_m}}{\frac{V_s}{V_m}}=\frac{\lambda}{\frac{V_s}{V_m}} \tag{5-20}$$

根据弗劳德相似可知,实际流速与实验流速之间的缩尺比为$\sqrt{\lambda}$,即$\frac{V_s}{V_m}=\sqrt{\lambda}$,由此可知实际时间与实验过程中的时间缩尺比为$\sqrt{\lambda}$,即$\frac{t_s}{t_m}=\sqrt{\lambda}$。

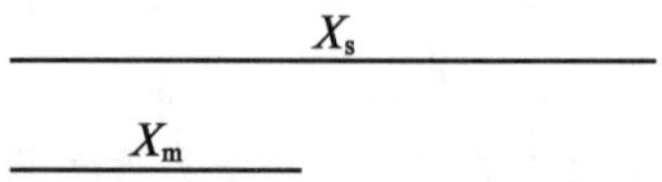

X_s

X_m

图 5-14　实际水流与实验来流的运动距离缩尺比示意图

同理,根据加速度与速度之间的关系推导可知,闸门模型系统振动时的加速度与实际闸门系统振动时的加速度相等,即

$$\frac{a_s}{a_m}=1 \tag{5-21}$$

而根据受力系数与受力情况的计算公式

$$f_{rs}=\frac{f_{rm}}{\frac{1}{2}\rho V_m^2 S_m}\cdot\frac{1}{2}\rho V_s^2 S_s$$

可知,实际闸门系统所受外力$f_s(t)$与闸门模型系统所受外力$f_m(t)$的比值为λ^3,即

$$\frac{f_s(t)}{f_m(t)}=\lambda^3 \tag{5-22}$$

根据式(5-19),由于公式左侧为三个相互独立项相加构成的多项式,右侧为受力项,因此若要满足相似条件,则左侧每个独立项的缩尺比均应与右侧受力项的缩尺比相等,即

$$\frac{M_s\ddot{X}_s}{M_m\ddot{X}_m}=\frac{C_s\dot{X}_s}{C_m\dot{X}_m}=\frac{K_sX_s}{K_mX_m}=\frac{f_s(t)}{f_m(t)} \tag{5-23}$$

由于$\ddot{X}_s=a_s$、$\ddot{X}_m=a_m$、$\dot{X}_s=V_s$、$\dot{X}_m=V_m$,根据弗劳德相似条件和几何相似条件,分别将式(5-21)和式(5-22)代入上式中,可得

$$\begin{cases}\frac{M_s}{M_m}=\lambda^3\\ \frac{C_s}{C_m}=\lambda^{2.5}\\ \frac{K_s}{K_m}=\lambda^2\end{cases} \tag{5-24}$$

利用拉普拉斯变换等方法对式(5-19)中的振动系统动态特性方程进行求解,可得到系统的模态振动圆频率ω和阻尼比ε为

$$\begin{cases} \omega_r^2 = \dfrac{K_r}{M_r} \\ \varepsilon_r = \dfrac{C_r}{(2M_r\omega_r)} \end{cases} \tag{5-25}$$

式中，ω_r 为系统的 r 阶模态振动圆频率；ε_r 为系统的 r 阶模态阻尼比。由此推得实际闸门系统与模型闸门系统之间的圆频率缩尺比为

$$\frac{\omega_s^2}{\omega_m^2} = \frac{\dfrac{K_s}{M_s}}{\dfrac{K_m}{M_m}} = \frac{\dfrac{K_s}{K_m}}{\dfrac{M_s}{M_m}}$$

将式(5-24)代入上式中简化可得

$$\frac{\omega_s}{\omega_m} = \frac{1}{\sqrt{\lambda}} \tag{5-26}$$

而根据式(5-25)中模态阻尼比的表达式和式(5-24)、式(5-26)可计算出实际闸门系统的模态阻尼比和模型闸门系统的模态阻尼比为

$$\frac{\varepsilon_s}{\varepsilon_m} = \frac{\dfrac{C_s}{(2M_s\omega_s)}}{\dfrac{C_m}{(2M_m\omega_m)}} = \frac{\dfrac{C_s}{C_m}}{\dfrac{M_s}{M_m}\cdot\dfrac{\omega_s}{\omega_m}} = \frac{\lambda^{2.5}}{\dfrac{\lambda^3}{\sqrt{\lambda}}} = 1$$

由于振动系统的模态频率与其圆频率之间是线性关系，实际闸门与闸门模型之间的固有频率缩尺比为

$$\frac{f_s}{f_m} = \frac{1}{\sqrt{\lambda}} \tag{5-27}$$

由以上分析可知，要保证闸门模型与实际模型之间的水流冲击响应情况一致，则必须保证其固有频率缩尺比为$\dfrac{1}{\sqrt{\lambda}}$，而若要保证满足该条件，则需保证闸门模型系统与实际闸门系统之间的质量缩尺比为 λ^3，阻尼缩尺比为 $\lambda^{2.5}$，刚度缩尺比为 λ^2。

在实际实验的过程中，同时满足质量缩尺、阻尼缩尺和刚度缩尺是比较困难的，故而在设计闸门模型系统时通常会在保证实验结果可靠且误差不大的前提下，简化对于相似条件的要求。由于闸门在水流冲击下产生的振动主要是低阶振动，且闸门在运行过程中也主要是预防水流冲击产生的振动响应引发闸门系统的共振从而造成损伤形成安全隐患，因此本实验中的弹性相似条件和运动相似条件最终可简化为一阶振动频率相似条件，即需合理设计闸门模型系统使之与实际闸门之间的一阶模态振动频率满足式(5-27)(即相似条件)的要求。

本实验要求的结构动力系统相似条件还包含边界条件相似，该相似条件要求模型与实物间的边界约束条件和受力条件均相似。边界约束条件主要包含闸门的启闭杆、主轮和侧轮等的约束，对于该条件而言只要闸门模型系统严格满足几何相似条件，则这一条件亦能满足；边界受力条件主要指的是闸门模型与实物之间所受到的水动力载荷相似，对于这一条件

而言只要闸门能够满足水流动力相似,它即可满足该条件。

以上是本节中所介绍的两个实验需要满足的全部相似条件,根据实验内容及要求,依照以上相似条件即可制订合理的实验测试方案,完成测试。

5.3.4　实验要求与步骤

本节中的内容包含了关于闸门系统测试的两个实验,其要求可同类合并从而进行统一介绍,但是由于两个实验的测试内容完全不同,因此其步骤仍需分别介绍。

1. 实验要求

(1)了解本节中所介绍的两个实验的意义、适用环境及其目的、原理、所用仪器设备和步骤等内容,做到在实际工程中遇到同类型的实验需求时能够自主设计实验方案,完成实验测量与分析,为工程的设计施工提供参考,为设施的安全运行提供保障。

(2)理解本实验中所用到的仪器设备等的工作原理,熟练掌握其使用方法和要求,在其他实验中用到这些设备时保证能够熟练应用并借此完成实验内容。

(3)实验过程中需注意保护参与者的人身安全和仪器设备等的财产安全;严格按照设备使用规范执行,防止事故发生,遇到仪器设备故障或其他与实验相关的突发事件时,应及时与管理员和维修员联系,不得随意进行调动和拆装。

(4)实验完成后检查实验数据,确认无误后,关闭仪器设备,并将实验过程中安装的仪器设备、模型、材料等拆卸并归位,将用到的工具和材料等整理归位,将实验过程中产生的垃圾分类、带走。

2. 实验步骤

闸门模型拖航实验:

闸门模型的拖航实验与船模阻力实验相似,故而其实验过程也极其相似,在此便仅对本实验的步骤进行简单介绍,不再具体详细描述,若需参照本节内容完成本实验,则请结合船模阻力实验(4.1 节)中与实验步骤相关的内容,共同理解、完成。

(1)标定实验过程中用到的仪器、设备(包括:循环水槽 $N-v$ 曲线,六分力天平 $\varepsilon-F$ 曲线等)。

(2)闸门模型配重与调平,根据实际闸门在拖航时的吃水和浮态对闸门模型进行配重、调平,由于闸门模型通常是做成中空状的,因此其配重可放置在模型内部。

(3)安装设备及模型。

(4)实验前后测量水温并记录。

(5)根据实验开始前制订的方案,按照具体实验工况依次对不同工况时的拖航阻力进行测量,每个工况至少测量三次以上有效数据。

(6)实验完成后检查实验数据,无误后,按照操作要求关闭并拆卸设备,而后将用到的仪器、设备、工具、材料等按要求处理。

闸门水流冲击动力响应测量实验:

(7)粘贴应变片并引出测量导线。将应变片粘贴在闸门模型的对应测点位置处,并用电烙铁、焊锡、导线和接线柱等将应变上的测试线延伸出来,在粘贴应变片时需要注意粘贴方向应与测试方向一致，即应变片的伸长方向应与所需测量的方向一致。

(8)仪器标定与设备调试。

a. 仪器标定方式同步骤(1)。

设备调试主要指的是对测试元件进行调试，本实验中的测试元件主要是应变片，由于其本身较小、较薄、较脆，且是较敏感的测试元件，在运输、粘贴等实验准备的过程中极易对其造成肉眼难以辨识的损伤，同时若存放时间较长或存放不当的情况下其内部的某些金属部分也极易受到氧化从而内部的某些特性改变而损坏，故而对于这些难以辨识的损坏，需先通过检测后再进行防水处理，最终才能下水测试。

b. 将应变片延伸出的测试线连接到对应的数据采集仪(或应变仪)上，而后以橡胶锤轻轻敲击测点附近，依次观察各个应变片所测得的数据趋势是否合理，若合理则初步判定其未受损伤。

c. 用高精度万用表对应变片延伸出的两根测试线之间的电阻值进行测量，读取数值并判定其是否与其标定电阻一致，若一致则说明应变片可靠，可用于实验测量。

d. 第一批应变片的可靠性检验完成后，将不可靠的应变片揭除，并用砂纸将测点处打磨平滑，再次粘贴应变片并检验其可靠性，直至所有测点处的应变片均可靠为止。

e. 对振动传感器和压力传感器进行检测与标定，确保其在实验时能够正常运行。

(9)应变片及相应测试线防水处理。在应变片及测试线的导体裸露部分均匀涂抹硅胶，以确保应变片和测试线能在水中正常工作。

(10)安装设备与实验模型，并连接相关仪器设备。

a. 将模型实验架安装到循环水槽的工作段处，而后按照闸门的约束条件安装并固定闸门模型，在安装闸门模型时需要注意来流与模型之间的夹角应与实际情况一致。

b. 将应变片测试线与测试仪、测试仪与工控机之间的线正确连接到一起，而后启动测试仪、工控机和测试用软件，并预热清零。

(11)根据实验开始前制订的工况方案，按照之前标定的 $N-v$ 曲线，启动循环水槽动力段电机，并缓慢调节电机转速使之达到第一个测试工况所对应的转速值，以使工作段处的水流缓慢达到测试工况所对应的流速，待测试仪输出的数据稳定后将其保存并记录。

(12)根据实验前制订的工况方案，参照步骤(11)，依次完成各个工况的数据测量。

(13)各测点处的应力测量完成后，将各测点处的应变片揭除，而后将振动传感器(一般用位移传感器或加速度传感器)安装到闸门模型预设的测点处，根据实验工况，参照步骤(10)~(12)对闸门模型受到水流冲击时的振动响应情况进行测量，并保存记录实验数据。

(14)闸门模型的振动影响值测量完成后，拆除振动传感器，而后在闸门模型外壳预设的测点位置处钻孔并将压力传感器安装埋设于此，压力传感器埋装时要注意传感器的压力接触面应与闸门模型的外表面平齐；埋装完成后再涂抹硅胶以保证传感器防水和模型水密，而后根据实验工况，参照步骤(10)~(12)完成不同来流冲击时各测点处的压力测量，同时保存并记录数据。

(15)实验完成后检查实验数据，确认无误后，关闭实验过程中用到的所有设备和仪器，待设备冷却后，将所安装或连接的所有仪器、设备、材料等均拆卸并恢复原样，将实验过程中用过的仪器、设备、材料、工具等均整理、归位，将实验过程中产生的垃圾分类后带走。

5.3.5　实验结果与处理

由于闸门模型的拖航阻力实验与船模阻力实验所测量的数据以及数据处理方法极其相似，因此在本小节中对闸门拖航阻力实验结果的处理介绍将十分简单，需结合船模阻力实验结果处理方法(4.1.5 节)共同理解。

(1)将实验过程中测得的所有数据对应填入下列相应位置处。

(2)根据实验前后的水温，计算出实验过程中的水温 t，并据此查询出实验水温下水的密度 ρ 和运动黏性系数 υ。

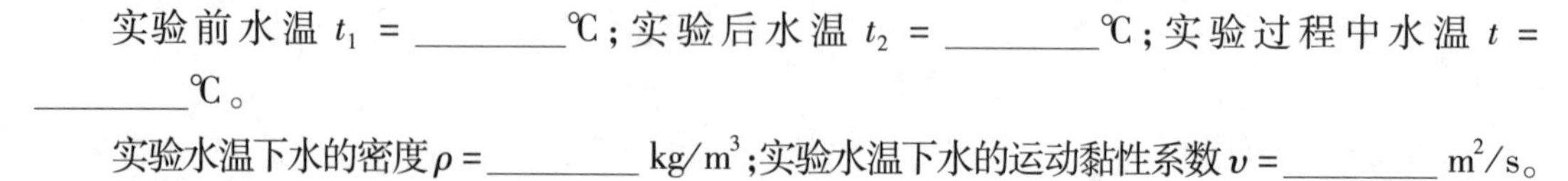

实验前水温 t_1 = ________℃；实验后水温 t_2 = ________℃；实验过程中水温 t = ________℃。

实验水温下水的密度 ρ = ________ kg/m^3；实验水温下水的运动黏性系数 υ = ________ m^2/s。

(3)对表 5-6 中记录的同一来流流速下的闸门模型拖航阻力的三次有效实验值求平均，以此作为闸门模型在该拖航航速下被拖曳运动时的阻力值。

表 5-6　闸门模型的拖航阻力实验记录表

序号	弗劳德数 Fr	来流速度 $V_m/(\mathrm{m \cdot s^{-1}})$	闸门模型拖航阻力值 R/N				备注
			第一次 R_1	第二次 R_2	第三次 R_3	平均值 R_m	
1							
2							
3							
4							
5							
6							
7							
8							
…							

(4)根据弗劳德相似将实验工况中的来流流速 V_m(即模型拖航速度 V_m)换算成实际闸门的拖航速度 V_s，同时据此分别计算模型与实物在不同拖航速度下的摩擦阻力系数 C_{fm} 和 C_{fs}，并将其全部对应填入表 5-7 中。

(5)将表 5-6 中处理后得到的闸门模型在不同拖航速度下的阻力值 R_m 对应填入表 5-7 中，据此计算出模型的总阻力系数 C_{tm}，并以 C_{tm} 和上一步中得到的 C_{fm} 求出闸门在不同拖航速度时的剩余阻力系数 C_r，以此结合 C_{fs} 求出实际闸门在不同拖航速度时的总阻力系数 C_{ts}，并分别对应填入表 5-7 中。

(6)根据实际闸门的总阻力系数求得其在不同拖航速度时的总阻力值 R_s，并对应填入

表5－7中。

表5－7 实际闸门与闸门模型之间的拖航阻力换算关系表

拖航速度/(m·s^{-1})		摩擦阻力系数		模型阻力	模型阻力	剩余阻力	实物阻力	实际闸门
V_m	V_s	C_{fm}	C_{fs}	R_m/N	系数 C_{tm}	系数 C_r	系数 C_{ts}	阻力 R_s/N

(7)根据表5－7中的实际闸门在不同拖航速度下的阻力值，在图5－15中绘制出闸门的拖航阻力曲线（即 V_s-R_s 曲线）。

(8)在实际工程中确定闸门的拖航航速或匹配拖船马力时，可在图5－15中的 V_s-R_s 曲线上进行插值，得出某一航速下的拖航阻力值以确定是否能够达到预定的拖航航速或拖船马力是否足够。

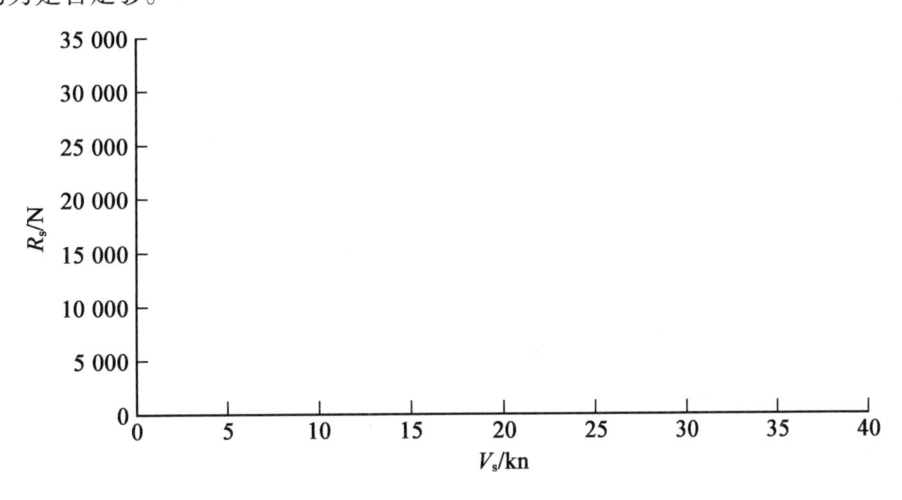

图5－15 闸门拖航阻力曲线（V_s-R_s 曲线）

(9)对表5－8中记录的闸门系统在受到不同水流流速冲击时其上不同测点处的应力值进行分析，纵向探讨随水流冲击流速变化各测点处的应力值变化情况，横向探讨相同水流流速下各测点处产生的应力情况，总体分析闸门系统在受到不同流速的水流冲击时，其结构应力情况是否会对闸门的安全运行产生影响。

表 5-8　闸门模型在不同来流冲击情况下各测点处的应力值

序号	来流速度 $V_m/(\mathrm{m\cdot s^{-1}})$	各测点处的应力值 ε						备注
		测点 1	测点 2	测点 3	测点 4	测点 5	…	
1								
2								
3								
4								
5								
…								

(10)根据实验过程中闸门系统在不同来流冲击情况下各测点处的功率谱密度，估算出系统的各阶模态振动参数（主要有模态频率 f、模态阻尼比 ξ 和模态振型 Φ）；而由于前面在原理部分介绍了模型实验的过程中最主要的是保证一阶振动频率相似，故而在结果处理时也主要讨论一阶振动情况。

(11)根据表 5-9 中记录的数据，分析实验测得的闸门模型系统在不同来流冲击情况下的振动频率随冲击流速速度之间的关系，并结合上一步中得到的系统一阶振动频率 f_1 分析可能引起系统共振的冲击来流速度的区间范围，若在实验工况的最小冲击流速和最大冲击流速之间（即实际闸门的常见冲击流速），则说明该闸门系统应用在这一环境下极易产生共振，易对闸门系统造成损伤，从而形成安全隐患；若引起共振的冲击流速在实验工况中的最大冲击流速之外，则说明闸门系统应用于这一环境下引发共振的概率相对较低。

表 5-9　闸门模型在受到不同来流冲击时的振动频率与各测点处的响应幅值

序号	来流速度 $V_m/(\mathrm{m\cdot s^{-1}})$	振动频率 f/Hz	振动响应幅值 A/mm						备注
			测点 1	测点 2	测点 3	测点 4	测点 5	…	
1									
2									
3									
4									
5									
…									

(12)根据表 5-9 中各测点在不同来流流速冲击时的振动响应（位移）幅值 A，在图 5-16 中绘制出闸门系统各测点的振动响应幅值随冲击流速变化的关系曲线（即 V_m-A 曲线），并据此分析各测点的振动响应幅值变化规律，同时探讨实验工况范围内各测点的振动

响应幅值是否会对闸门系统的安全运行产生影响。

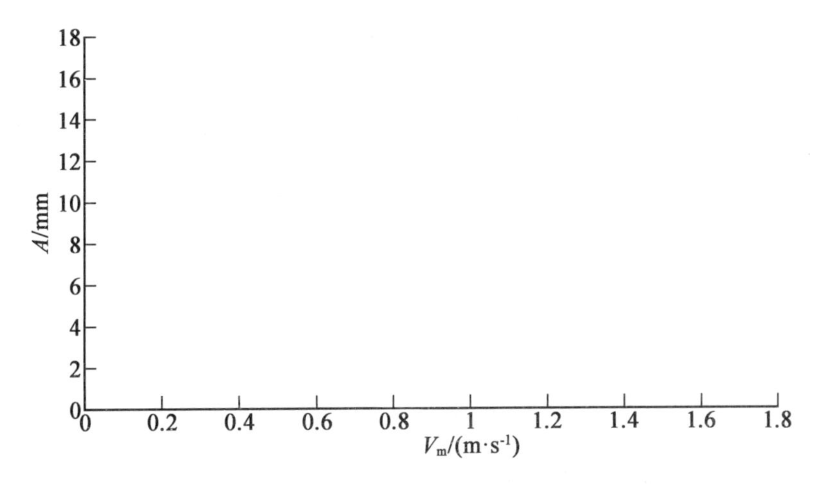

图5－16　闸门系统各测点的振动响应(位移)幅值随冲击流速变化的关系曲线(V_m-A 曲线)

(13)根据表5－10中记录的闸门系统各测点在不同来流流速冲击下的压力值,在图5－17中绘制出各测点的压力随冲击流速变化而变化的关系曲线(即 V_m-p 曲线),并据此分析各测点压力随冲击流速变化的规律,同时横向分析各测点在同一冲击流速下的压力变化情况,以此延伸分析闸门系统在某一流速冲击时其结构整体的压力分布情况。

表5－10　闸门模型在不同来流冲击情况下各测点处的压力值

序号	来流速度 $V_m/(m\cdot s^{-1})$	各测点处的压力值 p/Pa						备注
		测点1	测点2	测点3	测点4	测点5	…	
1								
2								
3								
4								
5								
…								

(14)根据以上的数据处理结果,总体分析闸门系统在常见水流流速冲击下是否可以长时间可靠运行。以上各项的安全性能参数均为必须满足项,若有一项存在问题,则即说明实验的闸门系统不具备在预定环境下长期可靠运行的前提。

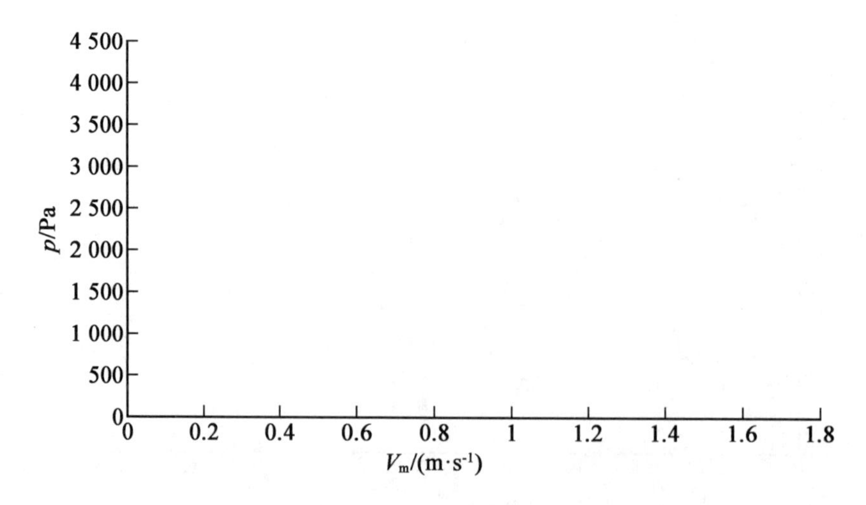

图 5-17 闸门系统各测点的压力随冲击流速变化的关系曲线（V_m-p 曲线）

5.3.6 实验应用与思考

（1）两个相同的闸门利用同样大小的拖船分别拖曳至下游 $2X$ km 和上游 X km 处，已知拖船航行时拖力为 F，河流流速为 V_0，请问如何确定这两个闸门运送至目的地的时间？它们运送到目的地的时间分别是多少？假设这两个闸门同时运送至目的地，那么拖航速度与河流流速之间有什么关系？

（2）水工装备受水流冲击时的结构载荷强度测量实验主要可以应用在哪些情况下？

（3）现有一大型无动力平台需安置在距海岸 300 n mile 处工作，请设计合理的实验方案测量出拖曳该平台前行时所需的拖力，并给出选用拖船马力的建议。（1 n mile = 1.852 km）

（4）现有一海工装备需长期安置在常年洋平均流流速为 3.5 m/s 的海域环境中工作，请设计合理的实验方案以探讨该装备所受到的结构载荷是否会影响其运行时的安全性。

第6章　新能源、新材料、新仪器设备的涉水涉流实验方案

循环水槽或拖曳水池等水动力实验设施不仅能够为船舶、海洋工程及海洋装备等的工程实验提供支撑，同时其也能够为新能源技术的开发与应用、新材料和新仪器等的研发、应用与标定等提供实验支撑。如，在新能源技术的开发与应用领域，海洋是人们关注、研究和应用的重点新型能源之一，而在目前对于海洋能的研发与应用中，波浪能、潮流能（潮汐能）、洋流、海洋温差（海底热液）和盐度差等是被研究与应用的最为广泛的几类海洋能形态。其中，波浪能、潮流能和洋流等形态的海洋能应用技术的开发离不开水动力实验设施的支持。目前对于波浪能的应用主要是通过波浪能发电装置将其转化为电能和用波浪能作为航行器的驱动动力源等，而开发与利用波浪能的装置在正式投入使用前甚至是样机生产前需在水池中进行模型实验，以确定其可靠性和效率等情况；潮流能和洋流等的应用形式主要是发电，同样的在制作其应用样机前也需要进行模型实验，以确定其可靠性和效率，而由于循环水槽或循环水筒等水动力实验设施在实验过程中能够提供长时间的稳定水流环境，有利于潮流能发电装置或洋流发电装置的持续稳定运行，便于实验装置的长时间可靠测量，因此这两种形式的海洋能应用装置通常是在循环水槽或水筒中进行实验测量。

随着科技的不断进步，新材料和新仪器也不断被开发出来，而随着海洋资源越来越受到重视，有些新型材料或仪器专门为船舶、海工装备等的应用而开发，同时也有些新型材料或新型仪器虽然其研发的初衷并不是应用于船舶或海工装备，但是将其应用于此却相当合适，因此对于这些新材料和新仪器的应用探索也离不开水动力实验设施。如，将新型复合材料应用于船舶或海工装备上能够极大地减轻船舶的质量，同时亦能够提高其载荷承受能力；将新型涂料应用于船舶或海洋装备上能够极大地降低生物附着率，同时降低涂料对于海水的污染以及提高其抗腐蚀能力；将新型材料涂层应用在高速艇上能够降低船艇的阻力，提高船艇速度，等等，这些均是新型材料在船舶或海洋装备领域中的应用需要水动力设施提供实验支撑的案例。而某些辅助船舶或海洋装备运行、设计或研发的新仪器也需要水动力实验的支持，如，动力定位反馈系统需要在拖曳水池或综合水池中进行波浪实验以确定其波浪力反馈是否准确；新型流速测量装置、阻力测量装置以及敞水动力装置等在投入使用前必须要在循环水槽或拖曳水池中完成测量与标定后方可投入工程应用。本章将以循环水槽为基础，分别以潮流能涡轮叶片翼型水动力性能测量实验、材料涂层对物体在水中的减阻性能实验和新型流速测量装置的标定实验等为例，对新能源、新材料和新仪器等新科技或新产品在研发或投产的过程中利用水动力实验设施进行实验的方案进行介绍，以供参考。

6.1　潮流能涡轮叶片翼型的水动力性能测量实验

随着科技的发展以及人们对于自然环境的日益关注,海洋能已逐渐成为重要的新型能源之一,而在海洋能的众多能量表现形式中,潮流能由于其易于理解、储量丰富且便于利用,目前已经发展成为最为常用的海洋能形式之一。当下,潮流能的主要应用形式是发电,即利用潮流能涡轮和一系列发电装置将潮流能转化为机械能,并最终转化为电能。在这一过程中会不断有能量损耗,而对于大多数潮流能发电装置而言,将潮流能转化为电能的这一过程中,能量损耗最严重的一步是将潮流能转化为涡轮转动时的动能的过程,在这一过程中涡轮叶片的效率是影响其能量转化损耗效率的关键因素之一。涡轮叶片的效率主要受其水动力性能的影响,故而合理设计潮流能发电装置中的涡轮叶片以保证其自身良好的水动力性能,从而提高涡轮叶片的潮流能转化效率是提高潮流能发电装置的发电效率和发电量的重要手段之一,潮流能涡轮叶片水动力性能测量实验是研究、设计高效率潮流能涡轮叶片的重要支撑方法之一,故本节将对这一实验的设备、原理、方法和数据处理过程等进行介绍。

6.1.1　实验目的

(1)了解潮流能发电装置涡轮叶片水动力性能测试的目的和意义,理解这一实验所用到的仪器、设备及其工作原理,理解实验的原理、步骤和数据处理方法。

(2)测量单独涡轮叶片的水动力性能,并为其效率分析提供必要的实验数据支撑,同时为研究高效率的涡轮叶片提供实验保障。

(3)通过对大量不同的涡轮叶片进行水动力性能测量和效率分析,探讨影响涡轮叶片性能和效率的几何参数及相关规律,并建立相应的涡轮叶片水动力测试结果数据库,以辅助设计高性能、高效率的涡轮叶片。

(4)参与实验操作,锻炼实验者的实践动手能力,提高实验者的工程实验素养。

6.1.2　实验所用到的仪器设备

本实验所用到的仪器设备主要有:循环水槽、流速测量装置、发电装置、能耗负载、传动装置、增速器、推力传感器、扭矩传感器、电磁制动器、数据采集仪、工控机、水温计和实验涡轮叶片模型等。

6.1.3　实验原理

潮流能涡轮叶片翼型的水动力性能测量实验与螺旋桨敞水实验相对应。螺旋桨敞水实验是一个能量输出过程的实验,即电机带动螺旋桨旋转使之推动水流运动,从而测量螺旋桨的推力和扭矩;潮流能涡轮叶片翼型水动力性能测量实验则是一个能量输入实验(也称为获能实验),即涡轮在水流的冲击下启动后旋转,而后通过传动装置和增速器带动发电装置中的转子转动,从而实现发电。根据发电装置连接的能耗负载中所嵌入的传感器即可测得实验时的发电功率。故本实验的原理与螺旋桨敞水实验的原理是相对应的,其中既有相似之处又有不同之处。

根据以上介绍,本实验的原理与螺旋桨敞水实验的原理的相似之处在于这两个实验均需满足几何相似和雷诺相似。

$$\begin{cases} \lambda = \dfrac{R_s}{R_m} \\ Re_s = \dfrac{V_s c_s}{\upsilon_s} = \dfrac{V_m c_m}{\upsilon_m} = Re_m \end{cases} \tag{6-1}$$

式中,λ 为模型与实物之间的缩尺比;R_s 和 R_m 分别为实际涡轮和模型涡轮的半径;V_s 和 V_m 分别为实际潮流速度和模型实验时的来流速度;c_s 和 c_m 分别为实际涡轮叶片翼型的弦长和模型涡轮叶片翼型的弦长;υ_s 和 υ_m 分别为海水的运动黏性系数和实验时水的运动黏性系数。

本实验的原理与螺旋桨敞水实验的原理不同之处在于,螺旋桨敞水实验需满足进速系数相似,而本实验则无须考虑进速系数的影响,但是需满足尖速比相似,即

$$\gamma_s = \frac{\omega_s R_s}{V_s} = \frac{\omega_m R_m}{V_m} = \gamma_m \tag{6-2}$$

式中,γ 为尖速比;ω_s 和 ω_m 分别实际涡轮和模型涡轮的旋转角速度。实验过程中可以固定来流速度,通过调整发电机的负载来变化尖速比,实现对不同工况的测量。

由于涡轮叶片是在水流冲击下被动旋转的,受到惯性等的影响,涡轮并非是遇到水流即会转动,而是在水流达到某一速度时才会发生旋转。这一能够使涡轮由静止开始转动的水流流速称之为启动速度,它也是潮流能涡轮叶片性能测量实验中必须要测量的参数之一。本实验中还需要测量和分析的几个参数分别是涡轮叶片的效率 C_P、推力系数 C_T 和转矩系数 C_M。

涡轮叶片的效率指的是涡轮在潮流能中获取能量的效率,它亦可称作功率系数、利用系数或获能系数等。

$$C_P = \frac{P}{\frac{1}{2}\rho V^3 A} \tag{6-3}$$

式中,P 为潮流能涡轮的功率;A 为涡轮叶片的扫掠面积。

推力系数和扭矩系数指的是水流冲击到涡轮叶片上时产生的轴向推力和周向扭矩的无量纲化值。

$$\begin{cases} C_T = \dfrac{T}{\frac{1}{2}\rho V^2 A} \\ C_M = \dfrac{M}{\frac{1}{2}\rho V^2 A R} \end{cases} \tag{6-4}$$

式中,T 和 M 分别涡轮叶片所受到的推力和扭矩。

6.1.4 实验要求与步骤

1. 实验要求

(1)了解本实验的目的、意义、原理、测试方案以及实验数据处理方法等内容,理解本实验与螺旋桨敞水实验之间的区别。

(2)实验过程中要注意人身安全和设备财产安全,不随便开启或使用与本实验无关的或不熟悉的仪器、设备,要做到“不会用不乱动,用不到不启动”。

(3)实验过程中要注意工程实验素养的培养与强化锻炼。

(4)本实验内容学习结束后,能够自主完成其他种类海洋能利用装置的获能效率测量或获能部件水动力性能测量实验方案的设计。

2. 实验步骤

(1)仪器设备的检测与标定。对流速测量装置、循环水槽的电机转速和水流流速间的关系、扭矩测量装置等进行检测,分析其是否与已标定的结果一致,若一致则继续进行下一步,若不一致则检查仪器设备是否损坏,若未损坏则对设备进行重新标定。

(2)仪器设备的安装、调试和预热。

a. 将流速测量装置安装到循环水槽工作段的前方区域。

b. 将涡轮叶片模型、推力传感器、增速器、扭矩传感器、电磁制动器、发电装置等按照图 6 - 1 中的顺序以传动装置连接在一起,其中推力传感器、增速器、扭矩传感器电磁制动器和发电装置等需安置在水下密封空间内。

c. 将推力传感器、扭矩传感器、电磁制动器以及发电装置等与数据采集仪相连。

d. 将能耗负载连接到发电装置上,同时将数据采集仪连接到工控机上。

e. 启动数据采集仪和其他实验过程中需要用到的仪器设备,并对其进行预热,开启数据采集软件并对相应参数进行清零。

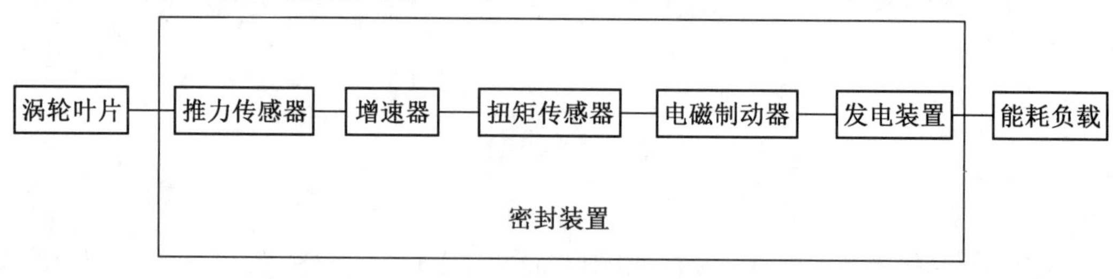

图 6 - 1　涡轮叶片动力传输结构布置示意简图

(3)实验测量前用水温计测量循环水槽内水的温度,并记录。

(4)开启循环水槽动力段电机并根据 $N-v$ 曲线缓慢调节电机转速,使工作段内水流每隔 0.1 m/s 便缓慢运行一段时间,观察涡轮叶片在哪一来流速度下开始旋转,并记录这一速度(即启动速度)。

(5)缓慢调节循环水槽动力端电机,使工作段内水流速度达到实验方案中的预定来流速度,而后调整发电机负载以使涡轮叶片尖速比达到实验方案中的预定要求,待涡轮转速稳定后,记录输出功率 P、推力 T 和扭矩 M 的值。

(6)参照步骤(5),依次调节发电机负载以完成实验方案中预定的某一来流速度下的所有尖速比时的涡轮叶片性能测量。

(7)参照步骤(5)和(6)完成实验方案中所有预定工况的测量,并记录数据。

(8)测量实验完成后循环水槽内水的温度,并记录。

(9)实验完成后检查测量结果,确认无误后,将实验过程中开启的仪器、设备等关闭,将实验过程中安装、连接的仪器、设备等拆卸后归位,将实验过程中所用到的工具、材料等整理、归位,将实验过程中产生的垃圾分类后带走。

6.1.5　实验结果与处理

实验前水温 t_1 = ________℃;实验后水温 t_2 = ________℃;实验时水温 t = ________℃。

实验时水的密度 ρ = ________ kg/m^3;涡轮的启动速度 V = ________ m/s。

结果记录在表 6-1 中。

表 6-1　涡轮叶片水动力性能测量结果记录表

序号	水流流速 V_{m1} = ________ m/s				备注
	尖速比	涡轮输出功率 P/W	推力 T/N	扭矩 M/(N·m)	
1					
2					
3					
4					
5					
…					
序号	水流流速 V_{m2} = ________ m/s				备注
	尖速比	涡轮输出功率 P/W	推力 T/N	扭矩 M/(N·m)	
1					
2					
3					
4					
5					
…					
			…		

(1)根据实验前后的水温 t_1 和 t_2,估算出实验时的水温 t,并查附录 1 得出实验时水的密度 ρ。

(2)根据涡轮叶片的启动速度以及发电装置布放目标区域内的潮流速度,分析实验用涡轮叶片是否适合目标区域布放。

(3)根据表6－1中涡轮叶片在不同工况时的输出功率、推力和扭矩等，计算出其在不同工况时的功率系数 C_P、推力系数 C_T 和扭矩系数 C_M，并填入表6－2中。

表6－2　不同来流速度和尖速比下涡轮叶片的功率系数、推力系数和扭矩系数表

序号	水流流速 V_{m1} =________ m/s				备注
	尖速比	功率系数 C_P	推力系数 C_T	扭矩系数 C_M	
1					
2					
3					
4					
5					
…					
序号	水流流速 V_{m2} =________ m/s				备注
	尖速比	功率系数 C_P	推力系数 C_T	扭矩系数 C_M	
1					
2					
3					
4					
5					
…					
…					

(4)根据表6－2中不同尖速比下涡轮叶片的功率系数、推力系数和扭矩系数在图6－2、图6－3和图6－4中分别绘制出 $\lambda - C_P$ 曲线、$\lambda - C_T$ 曲线和 $\lambda - C_M$ 曲线。

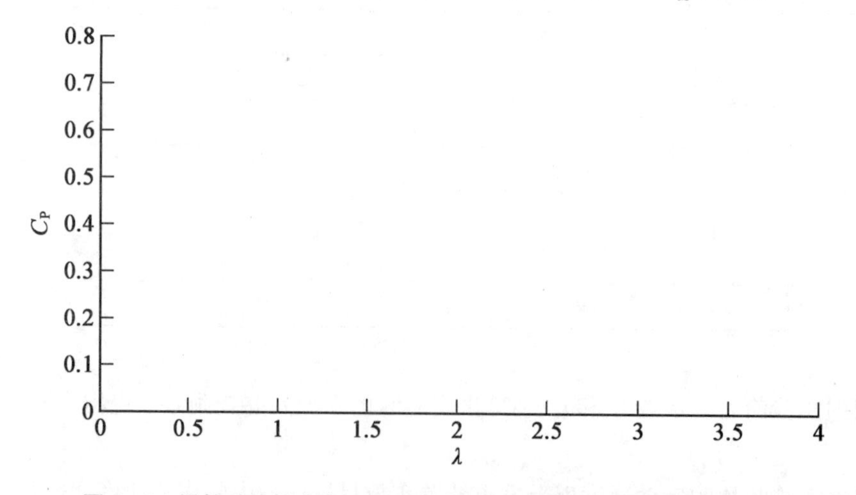

图6－2　涡轮叶片的功率系数随尖速比变化而变化的曲线($\lambda - C_P$ 曲线)

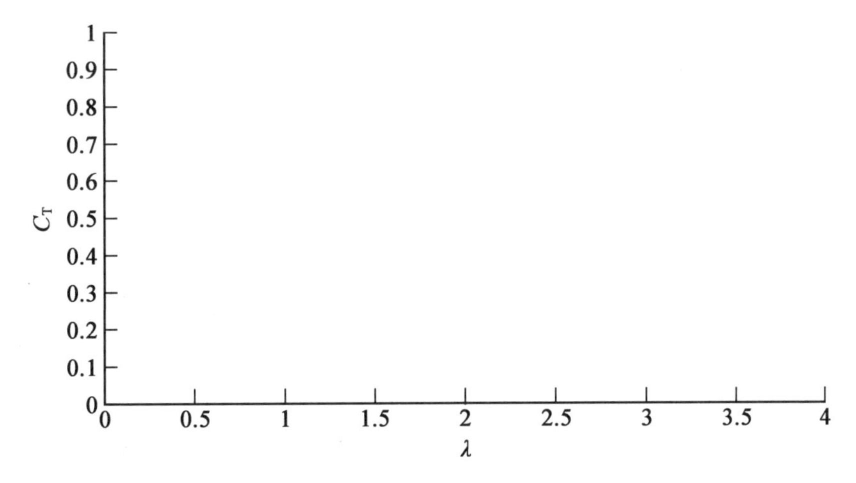

图 6－3　涡轮叶片的推力系数随尖速比变化而变化的曲线($\lambda-C_T$ 曲线)

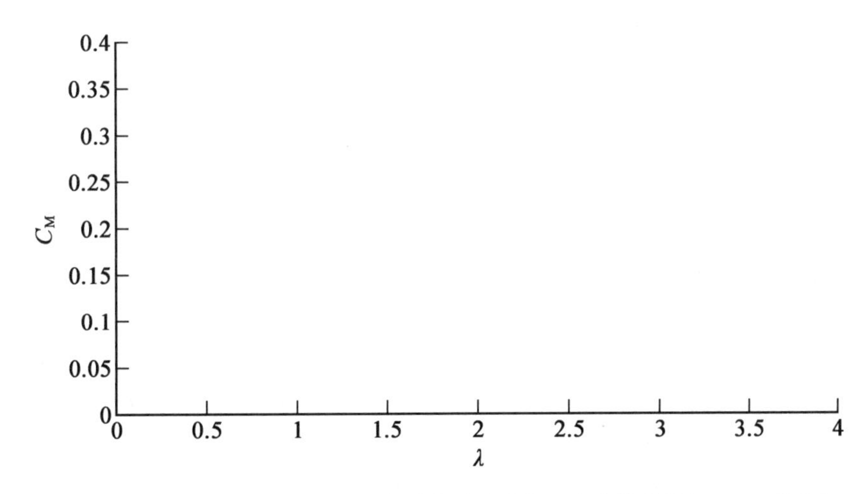

图 6－4　涡轮叶片的扭矩系数随尖速比变化而变化的曲线($\lambda-C_M$ 曲线)

(5)根据表 6－2 中涡轮叶片的水动力性能参数数据,结合图 6－2～6－4 中的曲线,分析实验用涡轮叶片的水动力性能以及其适宜布放海域内的潮流速度范围,并判断其是否适合在拟布放目标海域内使用。

6.1.6　实验应用与思考

(1)本实验与螺旋桨敞水实验相比有何异同?

(2)潮流能涡轮发电装置工作区域内的潮流流速通常处于什么范围? 对应这一流速范围,常用的涡轮叶片雷诺数通常处于什么数值范围?

(3)现有一风力发电装置,拟布置在某丘陵地带的高处,但不知其叶片是否适于该区域内布置,请说明影响风力发电装置叶片布置区域的因素及为何会受此影响。若想采用模型实验的方式协助分析该风力发电装置叶片是否适用于拟安装区域,请根据本节中所学知识,设计合理的实验方案以完成实验测量。

6.2　材料涂层对物体在水中的减阻性能实验

舰船在海洋或河流、湖泊中工作时其表面通常会涂抹一些涂料，以防止船体受到腐蚀，但随着科技的进步，人们已并不满足于船体表面涂层仅有防止船体本身遭受腐蚀的功能，而是期望其在满足防止船体遭受腐蚀这一原始功能的前提下还能够具有其他的一些功能，如减少阻力等。随着高速船舶的发展和世界各国、各组织对于绿色船舶的要求，船舶阻力也越来越受到业内人士的关注，而根据前面对船舶阻力的介绍可知，船舶阻力可分为摩擦阻力、兴波阻力和粘压阻力，其中兴波阻力主要与船舶的形状有关，故要减小船舶的兴波阻力需要从船型入手，即优化船舶的水下型线以减小其阻力，这也是目前常用的船舶减阻方式。但是仅仅通过船型减阻并不能使船舶阻力全方位减小，还可以通过增加船体表面材料涂层的疏水性来减小船舶的摩擦阻力和粘压阻力，从而使船舶阻力大幅度减小。本实验即是对材料涂层在水中的减阻性能和减阻效果进行研究，以辅助新材料或新涂料的涉水性能分析。

6.2.1　实验目的

（1）了解本实验的目的、意义及其数据处理的方法和过程，并理解本实验与传统平板阻力测量实验的区别。

（2）研究材料涂层的减阻效果，以支撑新型减阻涂装材料的开发，同时为船舶涂装材料的选择指导提供实验依据。

（3）探索不同材料涂层的水中减阻机理，为制备高效减阻材料提供理论支撑；同时对非为减阻开发的新型材料进行实验，积累材料对于水阻力影响效果的实验数据，完善材料表面性质对于物体在水中阻力影响的理论基础，并探究这些材料涉水方面的新用途和新特性。

（4）提高实验者的实践动手能力，强化实验者的工程实验素养。

6.2.2　实验所用到的仪器设备

本实验所用到的仪器、设备和材料主要有：循环水槽、高精度测力天平、数据采集仪、工控机、实验平板、涂层材料试剂（或制备原料）、空气压缩机、电热恒温鼓风干燥箱、涂膜附着力实验仪、表面粗糙度测量仪、涂层测厚仪和砂纸等。

6.2.3　实验原理

本实验以平板为测试基础，最大限度地降低兴波阻力和粘压阻力对于实验的影响，并测量在平板上附着不同材料涂层时的阻力值，从而分析材料涂层对物体在水中的减阻性能影响，故而本实验测量部分的原理与前面介绍的平板阻力测试原理相同（参见 3.2 节）。由于本实验主要是测量不同材料涂层对于物体在水中的阻力性能影响，因此还需要保证测试时除了平板表面材料涂层不同外，其他因素全部相同，如涂层厚度、表面粗糙度等，以上所用到的仪器设备中涂层测厚仪和表面粗糙度测量仪即是保障这些条件相似的仪器。同时，本实验由于需要在测试平板的表面附着材料涂层,因此实验过程中亦需保证涂层材料在平板表面有足够的附着力,以防止材料的附着力太差,导致实验时从平板表面脱落。以上仪器中,涂层膜附着力实验仪即是检测材料附着力是否足够的仪器。从总体来看,本实验本质上是控制变量实验,其变量即是平板表面的涂层材料。

6.2.4　实验要求与步骤

1. 实验要求

本实验的测试过程与平板阻力实验的过程相同,因此其在测试阶段的要求也相同。但是平板阻力测量实验仅仅是本实验中的测试方法,故而本实验在平板阻力测量实验要求的基础上增加了一些对于变量控制的要求,即实验时要保证测试件(即平板)仅表面涂层材料不同,其他均相同,包括在实验原理中介绍的表面粗糙度和材料涂层厚度,还包括实验介质(海水或淡水)、测试时的水温、平板所安置的纵向及横向位置以及平板浸深等。

2. 实验步骤

(1)对裸平板(通常可用钢制平板)的表面粗糙度进行测量,并记录。

(2)参照平板阻力测量实验,对平板在不同来流速度时的阻力值进行测量,并记录。

(3)准备涂层材料,并用空气压缩机将涂层材料均匀喷涂至平板表面,而后以电热恒温鼓风干燥箱将平板表面的涂层烘干固化。

(4)测量固化后附着在平板上的材料涂层的附着力,并分析其是否足够,若不够则将其打磨掉并重新喷涂测试。若经过多次重复,平板表面材料涂层的附着力依然不能满足要求,则说明该材料涂层与平板基材之间的黏合较差,不适宜作为此种基材的涂层,可更换平板基材重新喷涂测试,直至平板表面材料涂层附着力足够为止。

(5)测量材料涂层的表面粗糙度,并与裸平板的表面粗糙度进行比较,分析二者间的差值,若差值在允许误差范围内则继续进行下一步,若差值超过允许误差则需以砂纸进行打磨处理,直至二者间的表面粗糙度差值缩小到允许误差范围内为止。

(6)测量平板表面涂层的厚度,并记录;而后进行平板阻力测量,并记录阻力数据。

(7)第一种材料涂层的阻力数据测量完成后,用砂纸将平板表面的材料涂层打磨掉,露出裸平板的表面,而后在平板的表面喷涂第二种涂层材料,并烘干固化。

(8)待材料涂层固化附着在平板表面后,重复步骤(4)。

(9)测量附着在平板上的涂层的厚度和表面粗糙度,并分析涂层厚度和第一种涂层材料实验时的涂层厚度的差值是否在允许误差范围内,同时分析涂层表面的粗糙度与裸平板表面的粗糙度是否在允许误差范围内,若涂层厚度和表面粗糙度有一项不在允许误差范围内,则需通过砂纸打磨或喷涂装备修补等方式,调节平板表面材料涂层的厚度和表面粗糙度,直至二者误差均在允许范围内为止。

(10)对附着了材料涂层的平板进行阻力测量,并记录数据。

(11)按照实验要求或者测试前拟定的实验方案,参照步骤(7)~(10),依次测量平板表面附着不同材料涂层时的阻力,并记录,直至所有材料涂层数据均测量完毕为止。

(12)所有数据均测量并记录完成后,检查实验数据,确认无误后,关闭实验过程中用到的所有仪器、设备,并将实验时安装或连接的仪器、设备拆卸后归位,将实验过程中用到的工具、材料等整理后归位,将实验过程中产生的垃圾分类并带出实验室。

6.2.5 实验结果与处理

将实验过程中测得的数据结果记录在对应位置处(表6-3)。

表6-3 不同材料涂层测试结果记录表

序号	流速 v /(m·s^{-1})	平板阻力 R_0/N	材料涂层1		材料涂层2		材料涂层…	
			阻力 R_1/N	减阻率 r_{f1}/%	阻力 R_2/N	减阻率 r_{f2}/%	阻力 R_N/N	减阻率 r_{fN}/%
1								
2								
3								
4								
5								
6								
7								
8								
9								
…								

(1)根据实验测得的平板表面在不同材料涂层时的阻力值,以下列公式计算出物体表面喷涂不同材料涂层时在水中的减阻率,并记录于相应位置处。

$$r_{fN} = \frac{R_0 - R_{fN}}{R_0} \tag{6-5}$$

式中,R_{fN}和 r_{fN}分别为平板表面喷涂第 N 种材料涂层时的阻力和减阻率;R_0 为裸平板在水中的阻力。

(2)根据表6-3中的平板表面附着材料涂层后相对于裸平板的减阻率 r_f,在图6-5中绘制出不同材料涂层的减阻率随流速变化的关系曲线(即 $v-r_f$ 曲线),并据此综合分析不同材料涂层的减阻效果。

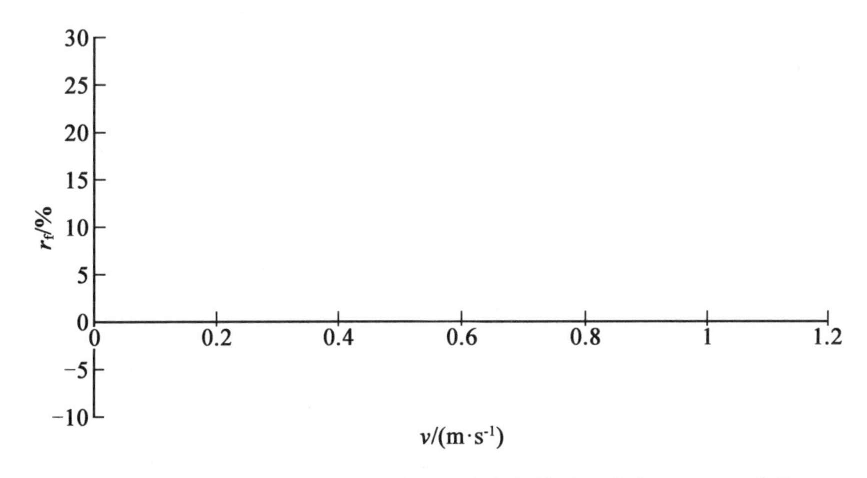

图6-5 不同材料涂层的减阻率随流速变化的关系曲线(即 $v-r_f$ 曲线)

6.2.6 实验应用与思考

(1)材料涂层减阻效果实验相对于平板阻力实验有何异同?

(2)船舶的外部涂装材料除了考虑减阻性能之外,还应该考虑那些因素?

6.3 新型流速测量装置的标定实验

随着技术的不断革新,新设备、新仪器不断涌现,其中与水动力或流体相关的设备在设计、研发和标定的过程中不可避免地需要在循环水槽或其他水动力实验设施中进行相关的实验测试。本节以一台新型流速测量装置的标定实验为例,介绍水动力实验设施支撑新型设备研发、标定的实验过程,抛砖引玉,开拓实验者的思路,使实验者能够在已掌握的知识的基础上开拓创新,完成一些自身从未做过的实验。

6.3.1 实验目的

(1)了解本实验的目的、意义,理解实验方案的整体设计思路,以达到在这一思路的引导下能够自主设计与本实验相类似实验的方案的目的。

(2)对自主设计的新型流速测量装置进行标定。

(3)对新型流速测量装置的设计可行性、测量可靠性进行验证。

(4)锻炼实验者的实践动手能力,强化实验者的工程实验素养,培养实验者的开拓创新精神和实验方案设计能力。

6.3.2 实验所用到的仪器设备

本次实验所用到的仪器设备有:循环水槽、毕托管流速测量装置、新型流速测量装置、数据采集仪、工控机和直尺等。

6.3.3 实验原理

本实验是一个标定实验，故而实验原理的本身与大多数标定实验的原理相类似，均是以现有仪器设备的测量数据（即直接测量量）与其他可靠的实验数据（即目标量）进行一一对应，并据此分析出被标定仪器设备的直接测量量和目标量之间的关系，以在后续使用该仪器设备时可据此关系分析所测目标量的实验数值。通过以上介绍可知，本实验的原理除了包含标定实验本身的主体思路之外，还需对所标定设备的原理有简单的了解，以明确仪器设备的直接测量量和所需目标量，并了解二者之间的关系。

本实验中的新型流速测量装置为一款自主设计的微差压流速测量装置，它是在普通微差压流速测量传感器的基础上改变内部结构和电路布置以提高测量精度的一款流速测量仪器。其设计思路和原理与主流的微差压流速测量装置相类似，同样是以硅扩散芯体作为主要测试元件，利用其压阻效应结合惠斯通电桥和伯努利方程的相关原理，以数据采集仪测得的电桥电路两端电压值推算出流速仪所处位置处的水流动压值和静压值之差，从而得出该位置处的水流速度。故，本实验中所标定仪器的直接测量量是电压，输出目标量为水流速度。

6.3.4 实验要求与步骤

1. 实验要求

本实验的测试过程与毕托管流速测量实验（3.1 节）的过程类似，可以说本实验即是一个“升级版”的毕托管流速测量实验，因此本实验的主体要求和毕托管流速测量实验的要求相似。然而，作为“升级版”实验，其要求亦是升级版的，即本实验不仅需要清楚地理解实验的直接测量量是什么、目标测量量是什么，还需要理解其内部转换过程和原理以及本实验的根本目的；同时亦需实验者在本实验的基础上“举一反三”，理解其他实验“升级版”的内容，从而达到全面理解船舶水动力实验甚至是船舶相关的流体实验的目的。

2. 实验步骤

（1）利用毕托管流速测量装置对循环水槽工作段内不同纵向位置截面处的水流速度进行测定（方法参见 3.1 节，下同），并记录，水槽截面的流速分布测量时，以横向中心位置为 0 点，对向来流方向观察左侧位置记为负值，右侧位置记为正值。

（2）根据水槽工作段内各截面处的水流流速分布情况（表 6 – 5 和图 6 – 6），选择合适的截面，并在该截面内选择合适的位置，分别布置毕托管流速测量装置和新型微差压流速测量装置。注意：在选择这两个装置的布置位置时要使二者之间的距离足够大，以防止对水流产生过大干扰，从而影响测试结果。

（3）将毕托管流速测量装置和微差压流速测量装置分别安装到步骤（2）所确定的位置处，并连接各类数据采集装置，如毕托管需以软管和 U 型管相连，微差压流速测量仪需与数据采集仪、工控机等相连；各类设备均连接完成后，开启相应设备并调整预热，如调整毕托管流速测量装置中 U 型管的支架，开启数据采集仪、工控机以及测试软件，并预热、清零。

（4）根据预定的实验方案，依次缓缓开启循环水槽动力段电机，待工作段内水流稳定后，读取微差压流速测量仪输出的电压值以及毕托管流速测量装置中 U 型管的高度差,并记录。

(5)多次重复步骤(4),并判断每次数据测量是否可靠,同时分析多次测量的数据是否均是以某一数据为中心在一定范围内上下浮动。

(6)检查实验数据,确认无误后,关闭实验过程中用到的所有仪器、设备,而后将本次实验时安装的所有仪器、设备拆卸后归位,将实验过程中用到的工具和材料等整理、归位,将实验过程中产生的垃圾分类后带出实验室。

6.3.5 实验结果与处理

实验时水温 $t=$ ________℃,据此查附录 1 可得:实验时,水的密度 $\rho=$ ________ kg/m^3。结果记录在表 6－4～6－7 中。

表 6－4　基于毕托管流速测量的循环水槽工作段不同截面处的液柱高度差 Δh(mm)结果记录表

纵向位置	横向位置								
	－1.0 m	－0.75 m	－0.5 m	－0.25 m	0 m	0.25 m	0.5 m	0.75 m	1.0 m
1.0 m									
2.0 m									
3.0 m									
4.0 m									
5.0 m									
6.0 m									
7.0 m									
8.0 m									
…									

表 6－5　循环水槽工作段不同截面处的流速 V(m · s^{-1})分布情况表

纵向位置	横向位置								
	－1.0 m	－0.75 m	－0.5 m	－0.25 m	0 m	0.25 m	0.5 m	0.75 m	1.0 m
1.0 m									
2.0 m									
3.0 m									
4.0 m									
5.0 m									
6.0 m									
7.0 m									
8.0 m									
…									

（1）根据表6－4中，毕托管流速测量装置所测得的循环水槽工作段内不同位置处的水流流速所对应的液柱高度差，计算出不同位置处的水流速度，并填入表6－5中。

（2）根据表6－5中的循环水槽工作段内不同截面上不同位置处的水流速度，在图6－6中绘制出不同截面处的水流速度分布曲线。

（3）根据表6－5和图6－6选出速度分布较均匀的截面，在该截面上选出水流速度相同但距离最远的两个点，并判断这两个点之间的距离是否足够避免测试装置对水流产生过大干扰，若距离足够，则将其反馈至实验现场以继续实验。

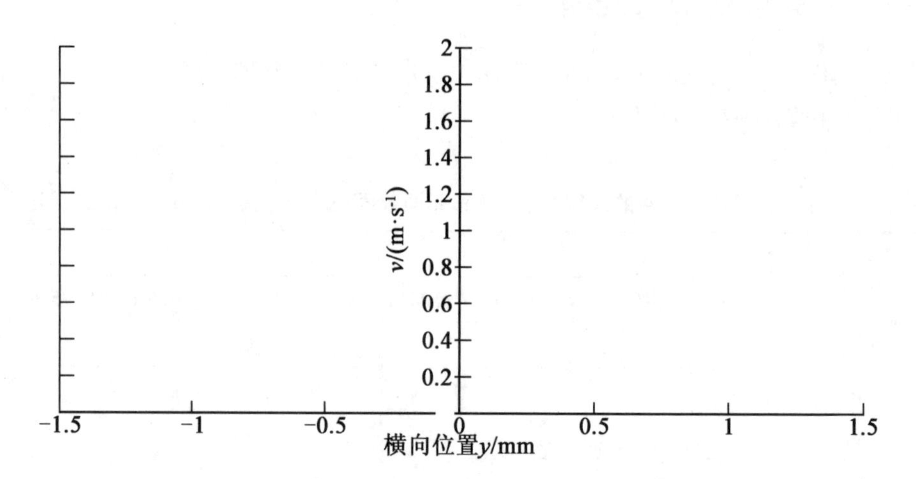

图6－6　循环水槽工作段内不同位置处的截面水流速度分布曲线

表6－6　新型微差压流速测量装置标定实验记录表

序号	电机转速 $N/(\mathrm{r\cdot min^{-1}})$	新型微差压流速测量装置直接测量量——电压 U_1/mV	毕托管流速测量装置测量结果		备注
			液柱高度差 $\Delta h_1/\mathrm{mm}$	流速 $v_1/(\mathrm{m\cdot s^{-1}})$	
1					
2					
3					
4					
5					
6					
7					
8					
9					
…					

续表 6 -6

序号	电机转速 $N/(\mathrm{r \cdot min^{-1}})$	新型微差压流速测量装置直接测量量——电压 U_2/mV	毕托管流速测量装置测量结果		备注
			液柱高度差 Δh_2/mm	流速 $v_2/(\mathrm{m \cdot s^{-1}})$	
1					
2					
3					
4					
5					
6					
7					
8					
9					
…					

…

序号	电机转速 $N/(\mathrm{r \cdot min^{-1}})$	新型微差压流速测量装置直接测量量——电压 U_N/mV	毕托管流速测量装置测量结果		备注
			液柱高度差 Δh_N/mm	流速 $v_N/(\mathrm{m \cdot s^{-1}})$	
1					
2					
3					
4					
5					
6					
7					
8					
9					
…					

表 6 -7　新型微差压流速测量装置标定结果记录表

序号	新型微差压流速测量装置直接测量量——电压 U/mV	流速 $v/(\mathrm{m \cdot s^{-1}})$	备注
1			
2			
3			
4			
5			
6			

续表 6－7

序号	新型微差压流速测量装置直接测量量——电压 U/mV	流速 v/(m · s^{-1})	备注
7			
8			
9			
…			

(4)根据表 6－6 中的实验结果计算出微差压流速测量装置的直接测量量电压 U 的均值和对应的目标测量量流速 v 的均值,$U=(U_1+U_2+\cdots+U_N)/N$、$v=(v_1+v_2+\cdots+v_N)/N$。

(5)根据表 6－7 中的微差压流速测量装置的输出电压和对应水流流速,在图 6－7 中绘制出其电压与流速之间的对应关系曲线,即微差压流速测量装置的直接测量量 U 和目标量 v 之间的标定关系曲线($U-v$ 曲线)。

(6)根据图 6－7 中的标定曲线和表 6－7 中的标定结果数据,采用最小二乘法对这一标定关系进行数据拟合,得出新型微差压流速测量装置的标定公式。

后续使用该装置测量水流流速时,可直接以标定公式换算水流流速,或在数据采集程序中嵌入标定公式,以在测量时直接输出水流流速值。

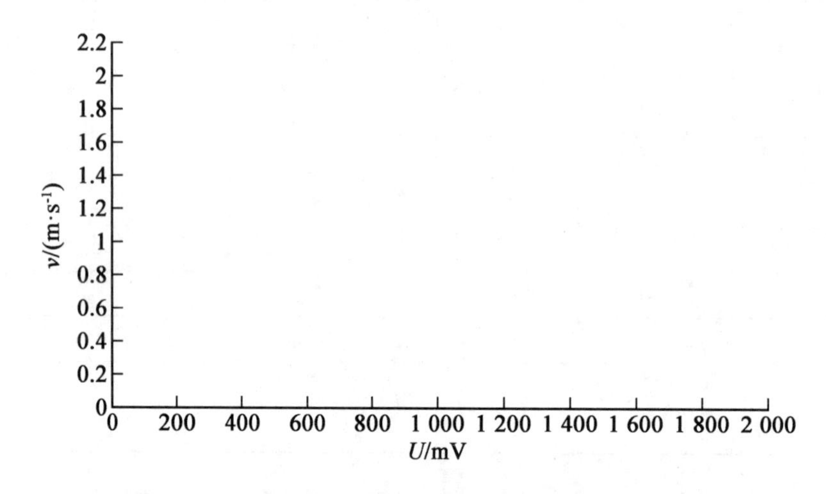

图 6－7　微差压流速测量装置的标定关系曲线($U-v$ 曲线)

6.3.6　实验应用与思考

(1)本实验相对于流速测量实验有何异同?

(2)现有一敞水动力仪,由于其长时间闲置,内部少量零件被锈蚀损坏,而现有一螺旋桨需进行敞水性能测试,请设计一个完整的实验方案完成实验内容。

附　　录

附录1　水在不同温度时的密度表

附表1　水在不同温度时的密度表

水温/℃		0	1	2	3	4	5
密度/($kg \cdot m^{-3}$)	淡水	999.82	999.82	999.92	999.92	999.92	999.92
	海水	1 028.07	1 027.97	1 027.87	1 027.87	1 027.77	1 027.68
水温/℃		6	7	8	9	10	11
密度/($kg \cdot m^{-3}$)	淡水	999.92	999.82	999.82	999.72	999.63	999.53
	海水	1 027.48	1 027.38	1 027.19	1 027.09	1 026.89	1 026.69
水温/℃		12	13	14	15	16	17
密度/($kg \cdot m^{-3}$)	淡水	999.43	999.33	999.14	999.04	998.84	998.74
	海水	1 026.6	1 026.3	1 026.11	1 025.91	1 025.71	1 025.42
水温/℃		18	19	20	21	22	23
密度/($kg \cdot m^{-3}$)	淡水	998.55	998.35	998.16	997.96	997.76	997.47
	海水	1 025.22	1 025.03	1 024.73	1 024.44	1 024.15	1 023.85
水温/℃		24	25	26	27	28	29
密度/($kg \cdot m^{-3}$)	淡水	997.27	996.98	996.78	996.49	996.2	995.9
	海水	1 023.56	1 023.26	1 022.97	1 022.67	1 022.28	1 021.98
水温/℃		30	31	32	33	34	35
密度/($kg \cdot m^{-3}$)	淡水	995.61	995.37	995.05	994.73	994.4	994.03
	海水	1 021.69	—	—	—	—	—

附录2　不同水温下水的运动黏性系数表

附表2　不同水温下水的运动黏性系数表

水温/℃	5.0	5.5	6.0	6.5	7.0	7.5	8.0
运动黏性系数 $\times 10^6/(m^2 \cdot s^{-1})$	1.519 8	1.495 4	1.472 5	1.450 2	1.428 4	1.407 2	1.386 4
水温/℃	8.5	9.0	9.5	10.0	10.5	11.0	11.5
运动黏性系数 $\times 10^6/(m^2 \cdot s^{-1})$	1.366 1	1.346 3	1.327 0	1.308 1	1.289 6	1.271 8	1.254 1
水温/℃	12.0	12.5	13.0	13.5	14.0	14.5	15.0
运动黏性系数 $\times 10^6/(m^2 \cdot s^{-1})$	1.237 0	1.220 2	1.203 7	1.187 7	1.171 9	1.156 4	1.141 3
水温/℃	15.5	16.0	16.5	17.0	17.5	18.0	18.5
运动黏性系数 $\times 10^6/(m^2 \cdot s^{-1})$	1.126 6	1.112 2	1.098 1	1.084 2	1.070 6	1.057 4	1.044 3
水温/℃	19.0	19.5	20.0	20.5	21.0	21.5	22.0
运动黏性系数 $\times 10^6/(m^2 \cdot s^{-1})$	1.031 5	1.018 9	1.006 7	0.994 7	0.982 9	0.971 3	0.959 9
水温/℃	22.5	23.0	23.5	24.0	24.5	25.0	
运动黏性系数 $\times 10^6/(m^2 \cdot s^{-1})$	0.948 8	0.937 9	0.927 2	0.916 7	0.906 3	0.897 1	

附录3　毕托管流速测量实验结果

该实验的结果由哈尔滨工业大学(威海)循环水槽实验室提供。该实验室中的循环水槽为卧式循环水槽,其总长为20 m、总宽为7 m,总高为2.12 m,工作段长度为8 m、宽度为2 m、水深为1.3 m;动力段电机为三相异步变频调速电机,其最大功率为55 kW、额定电压为380 V、额定电流为104 A、额定转矩为525 N·m,减速齿轮箱的减速比为3.55;发散段的扩散角为5°;稳压段中整流栅上的整流网格为50 mm×50 mm;收缩段中收缩曲线采用前苏联维氏曲线,收缩比在2~4之间;毕托管的修正系数K为3.129 22 $m^{1/2}/s$;实验时循环水槽内的水为淡水,水温为15 ℃,测得的实验数据见附表3-1。$N-v$曲线图如附图3-1所示。

附表3-1　毕托管流速测量实验结果数据表

序号	电机转速 $N/(r \cdot min^{-1})$	液柱高度差 Δh/mm	水流流速 $v/(m \cdot s^{-1})$	备注
1	70	2.0	0.198	
2	85	3.1	0.247 5	
3	100	4.5	0.296 5	
4	115	6.1	0.345	

续附表 3-1

序号	电机转速 $N/(\mathrm{r \cdot min^{-1}})$	液柱高度差 Δh/mm	水流流速 $v/(\mathrm{m \cdot s^{-1}})$	备注
5	130	7.8	0.39	
6	145	9.9	0.439 5	
7	160	12.2	0.489	
8	175	14.8	0.538 5	
9	190	17.7	0.588	
10	205	20.8	0.637 5	
11	220	24.1	0.687	
12	235	27.7	0.736 5	
13	250	31.5	0.786	
14	265	35.6	0.835 5	
15	280	37.3	0.855	
16	295	44.6	0.934 5	
17	310	49.4	0.984	

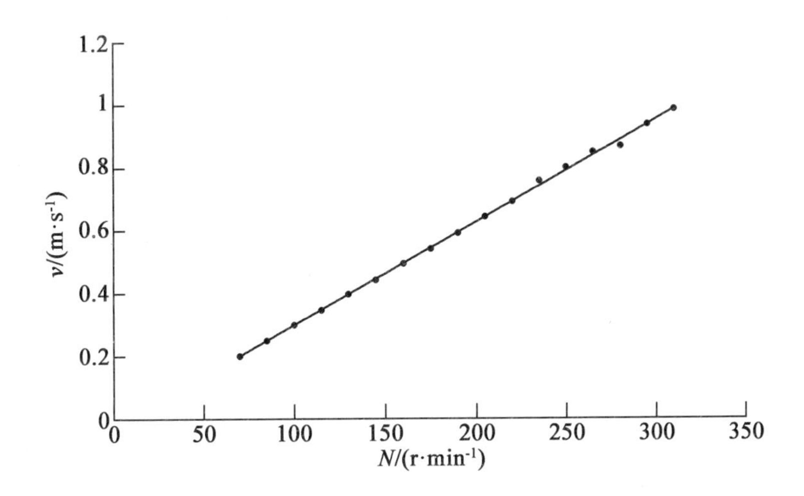

附图 3-1　电机转速与水流流速对应关系图（$N-v$ 曲线图）

附录 4　平板阻力实验结果

实验平板为长方形，其长度为 900 mm、宽度为 680 mm、厚度为 4 mm，实验时平板的长度方向与水流方向平行，浸深为 606 mm，且在实验前将平板的导边和随边均磨为楔形以进一步减小粘压阻力和兴波阻力的影响，由此可知平板浸在水中的湿表面积约为 1.094 4 $\mathrm{m^2}$。本次测量即是采用 3.2 节中所介绍的方案完成的，实验时水温为 15 ℃，对应的水密度为 $\rho =$

999.04 kg/m³、运动黏性系数为 $\upsilon = 1.141\ 3 \times 10^{-6}$ m²/s，实验中所用的高精度测力天平的标定公式为

$$F = \frac{\varepsilon}{8.876\ 7} \tag{附 4-1}$$

式中，F 为受力，单位 N；ε 为应变量，单位为 με。

由此测得的平板阻力实验结果见附表 4-1，$v - C_f$ 曲线图如附图 4-1 所示。

附表 4-1　平板阻力实验结果数据表

编号	水流速度 v /(m·s⁻¹)	直接测量量 /με	平板阻力 R /N	摩擦阻力系数 C_{f1}（实验结果 ×10³）$C_f = \frac{R}{0.5\rho v^2 S}$	摩擦阻力系数 C_{f2}（计算结果 ×10³）$C_f = 0.075/(\lg Re - 2)^2$	备注
1	0.39	4.645	0.523 3	6.293	6.165	
2	0.439 5	5.954	0.670 7	6.352	5.986	
3	0.489	7.441	0.838 3	6.413	5.832	
4	0.538 5	8.743	0.984 9	6.213	5.698	
5	0.588	9.922	1.117 8	5.914	5.580	
6	0.637 5	11.423	1.286 9	5.792	5.475	
7	0.687	13.131	1.479 3	5.733	5.380	
8	0.736 5	15.269	1.720 1	5.801	5.294	
9	0.786	17.429	1.963 5	5.814	5.215	
10	0.835 5	18.568	2.091 8	5.481	5.143	
11	0.855	19.768	2.227 0	5.572	5.116	
12	0.934 5	21.958	2.473 7	5.181	5.014	
13	0.984	23.942	2.697 2	5.096	4.957	

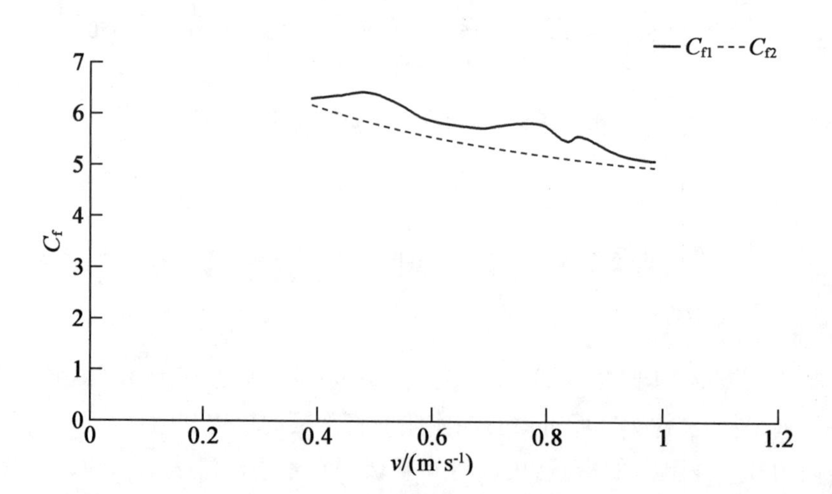

附图 4-1　平板阻力系数随流速变化的关系曲线图（$v - C_f$ 曲线图）

附录5　不同粗糙度和不同表面涂层时平板阻力的实验结果

实验时采用的是长方形钢制平板,其长度为900 mm、宽度为680 mm、厚度为4 mm,测试时长度方向与水流方向平行,浸深为606 mm。实验时用砂纸打磨平板表面以形成不同的表面粗糙度,分别是:光滑表面,表面粗糙度值为0.305 6 μm;粗糙表面,表面粗糙度值为1.316 6 μm。进而测量不同表面粗糙度情况下的平板阻力值,以分析表面粗糙度对物体在水中的阻力影响(附表5-1、附图5-1)。

在平板表面分别喷涂环氧树脂、CNT—OH/氟硅树脂仿生复合材料和CNT—OH/改性硅溶胶仿生复合材料等不同的表面材料涂层,进而测量平板在不同表面涂层时的阻力值,并以粗糙表面裸平板的阻力值为基准,计算不同表面材料涂层相对粗糙表面裸平板时的减阻率,以分析不同表面材料涂层对物体在水中的阻力影响(附表5-2、附图5-2)。

附表5-1　不同表面粗糙度时的平板阻力实验结果记录表

序号	水流速度 $v/(m \cdot s^{-1})$	光滑表面(表面粗糙度值:0.305 6 μm)阻力值/N	粗糙表面(表面粗糙度值:1.316 6 μm)阻力值/N	光滑表面相对粗糙表面的减阻率 r_f/%
1	0.39	0.496 2	0.555 7	10.707 2
2	0.439 5	0.637 0	0.694 3	8.252 9
3	0.489	0.757 7	0.836 0	9.366 0
4	0.538 5	0.911 7	1.030 6	11.537 0
5	0.588	1.073 3	1.243 0	13.652 5
6	0.637 5	1.275 6	1.426 4	10.572 1
7	0.687	1.504 7	1.573 1	4.348 1
8	0.736 5	1.690 7	1.899 3	10.983 0
9	0.786	1.891 1	2.043 8	7.471 4
10	0.835 5	2.056 0	2.170 5	5.275 3
11	0.855	2.196 9	2.388 1	8.006 4
12	0.934 5	2.433 5	2.637 7	7.741 6
13	0.984	2.622 5	2.941 5	10.844 8

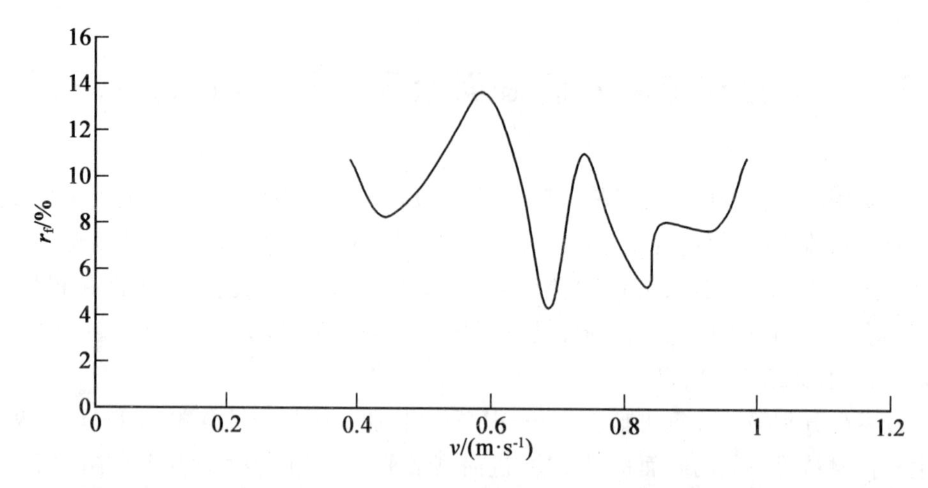

附图 5－1　光滑表面平板相对粗糙表面平板减阻率随流速变化的曲线($v-r_f$ 曲线)

附表 5－2　平板表面附着不同材料涂层时的测试结果记录表

序号	流速 $v/(m\cdot s^{-1})$	平板阻力 R_0/N	环氧树脂涂层		CNT—OH/氟硅树脂仿生复合涂层		CNT—OH/改性硅溶胶仿生复合涂层	
			阻力 R_1/N	减阻率 r_{f1}/%	阻力 R_2/N	减阻率 r_{f2}/%	阻力 R_3/N	减阻率 r_{f3}/%
1	0.39	0.555 7	0.518 1	6.766 2	0.505 7	8.997 7	0.428 7	22.854 1
2	0.439 5	0.694 3	0.665 6	4.133 7	0.612 7	11.752 8	0.519 2	25.219 6
3	0.489	0.836	0.809 8	3.134 0	0.746 9	10.657 9	0.652 9	21.901 9
4	0.538 5	1.030 6	0.958	7.044 4	0.951 5	7.675 1	0.786 9	23.646 4
5	0.588	1.243	1.116 5	10.177 0	1.138 0	8.447 3	1.047 9	15.695 9
6	0.637 5	1.426 4	1.342 9	5.853 9	1.324 4	7.150 9	1.219 8	14.484 0
7	0.687	1.573 1	1.536	2.358 4	1.568 8	0.273 3	1.456 1	7.437 5
8	0.736 5	1.899 3	1.785 4	5.996 9	1.784 7	6.033 8	1.572 1	17.227 4
9	0.786	2.043 8	1.979 7	3.136 3	1.995 6	2.358 4	1.892 4	7.407 8
10	0.835 5	2.170 5	2.101 8	3.165 2	2.306 9	－6.284 3	2.130 1	1.861 3
11	0.855	2.388 1	2.301 4	3.630 5	2.578 1	－7.956 1	2.348 4	1.662 4
12	0.934 5	2.637 7	2.554 3	3.161 8	2.579 2	2.217 8	2.476 5	6.111 4
13	0.984	2.941 5	2.838 5	3.501 6	2.777 5	5.575 4	2.685 1	8.716 6

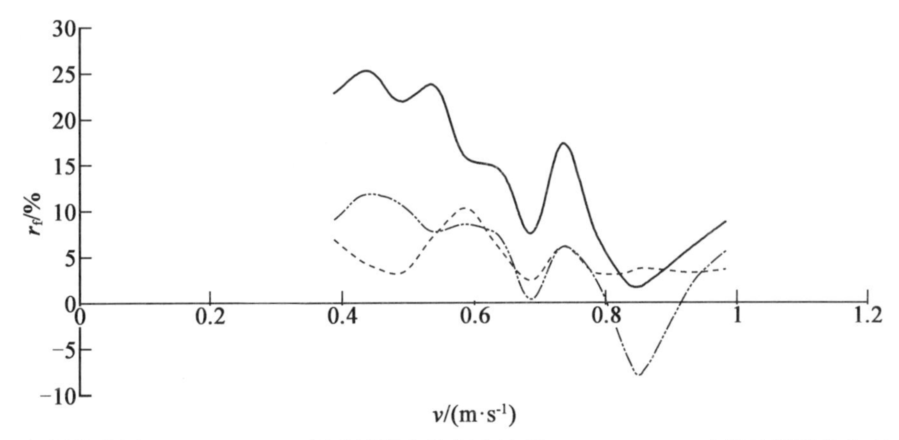

附图 5－2　不同材料涂层的减阻率随流速变化的关系曲线($v-r_f$ 曲线)

附录 6　船模阻力实验结果

附表 6－1、附表 6－2 中提供了美国戴维·泰洛船模实验池(DTMB)编号为 3722 号船模的各种无尺度系数以及实验得到的性能参数。DTMB 3722 号船模即是第二次世界大战期间著名的爱尔柯(ELCO)型鱼雷艇,其艇长为 24.4 m,艇底投影面积 A 为 93.86 m^2,平行于基线量取艇底投影面积的最大长度 L 为 23.29 m,船艇的折角线平均宽度 B_A 为 4.03 m,实船与船模的缩尺比为 9:1。V_M-R_M 曲线如附图 6－1 所示。

附表 6－1 和附表 6－2 中的符号分别指的是:

Δ_M——船模静止状态时的排水量,kg;

Δ_s——实艇静止时的排水量,t;

∇——船艇静止时的排水体积,m^3;

θ_0——航行纵倾角,(°);

C_{HF}——艏部静止吃水系数;

C_{HA}——艉部静止吃水系数;

CG——重心/面积 A 形心后,%L;

LCG——重心纵向位置,%(长度 L 的百分比);

τ_0——平均纵剖线尾部切线与水平线之间的夹角,(°);

V_M——船模速度,kn;

WL_C——折角线与水线交点,自尾向艏量,m;

R_M——船模阻力,N;

WL_K——龙骨浸湿长度,自尾向艏量,m;

WL_{SP}——折角线与飞溅交点，自尾向艏量，m。

本附录中的数据来源于参考文献[38]，如需进一步了解实验船模可参考原版书籍。

附表 6-1　DTMB 3722 号船模(即 ELCO 型鱼雷艇)实验状态参数

实验状态编号	1 号	2 号	实验状态编号	1 号	2 号
Δ_M/kg	67.13	54.93	τ_0/(°)	-0.35	-0.45
Δ_s/t	50.33	41.18	C_{HF}	1.444	1.409
$A/\nabla^{2/3}$	7.0	8.0	C_{HA}	1.171	0.982
$L/\nabla^{1/3}$	6.36	6.8	CG	6.0%L	6.0%L
θ_0/(°)	0.65	0.75	LCG	42.4	42.4

附表 6-2　DTMB 3722 号船模(即 ELCO 型鱼雷艇)实验结果记录表

1 号实验状态					2 号实验状态				
V_m/kn	R_M/N	WL_K/m	WL_C/m	WL_S/m	V_m/kn	R_M/N	WL_K/m	WL_C/m	WL_S/m
3.89	31.0	2.51	2.29	2.49	3.88	24.8	2.50	2.20	2.45
4.87	49.5	2.47	2.12	2.39	4.82	37.8	2.47	2.05	2.38
5.85	59.9	2.44	1.98	2.30	5.82	46.9	2.44	1.90	2.27
6.81	67.2	2.42	1.89	2.23	6.79	53.8	2.41	1.82	2.20
7.77	75.2	2.40	1.80	2.16	7.75	61.3	2.41	1.74	2.15
8.72	83.8	2.36	1.70	2.01	8.72	68.9	2.38	1.65	2.02
9.67	91.2	2.30	1.57	1.77	9.68	75.7	2.33	1.53	1.83
10.69	96.5	2.25	1.47	1.65	10.70	82.8	2.29	—	1.65
11.67	101.3	2.20	1.40	1.56	11.67	87.9	2.26	1.35	1.55
12.60	107.9	2.19	1.34	1.51	12.59	94.6	2.24	1.29	1.49
13.60	113.2	2.17	1.28	1.46	13.60	101.1	2.22	1.23	1.43
14.59	119.4	2.16	1.23	1.42	14.60	108.2	2.21	1.17	1.40
15.57	126.3	2.16	1.19	1.38	15.60	116.7	2.22	1.13	1.34
16.53	135.2	2.17	1.14	1.35	16.56	125.8	2.22	1.10	1.34
17.52	142.8	2.18	1.11	1.34	17.49	135.5	2.23	1.06	1.31
18.51	153.1	2.20	1.08	1.31	18.51	146.9	2.23	—	1.33

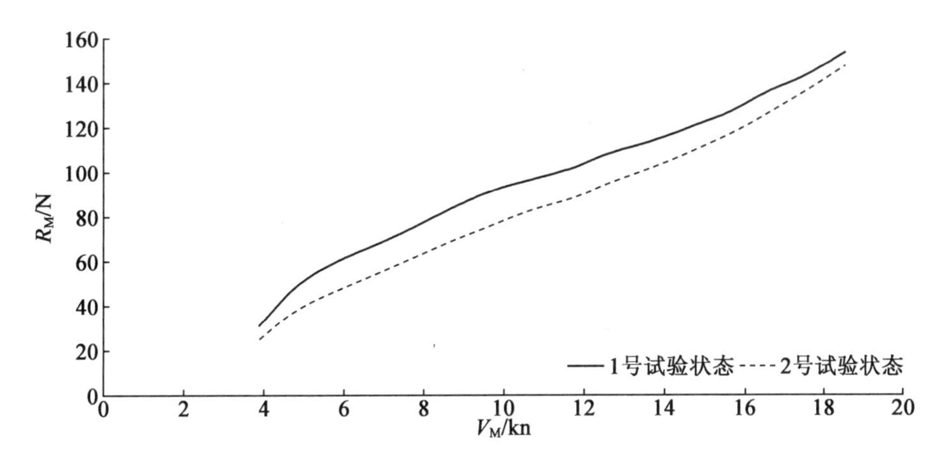

附图 6-1　DTMB 3722 号船模(即 ELCO 型鱼雷艇)阻力实验结果曲线图($V_M - R_M$ 曲线)

附录 7　舵的水动力性能实验结果

实验舵的翼型为 NACA0018,其展弦比为 $\lambda = 6$,实验测得该舵在不同攻角下的升力系数和阻力系数的值见附表 7-1,其升力系数曲线和阻力系数曲线如附图 7-1 所示。

本附录中的数据来源于参考文献[1],如需进一步了解可参考原文献。

附表 7-1　NACA0018 翼型的舵在不同攻角下的升力系数和阻力系数

$\alpha/(°)$	0	5	10	15	20	25	30	35
C_L	0	0.24	0.47	0.71	0.92	1.13	1.32	1.42
C_D	0	0.01	0.04	0.13	0.28	0.46	0.73	1.01

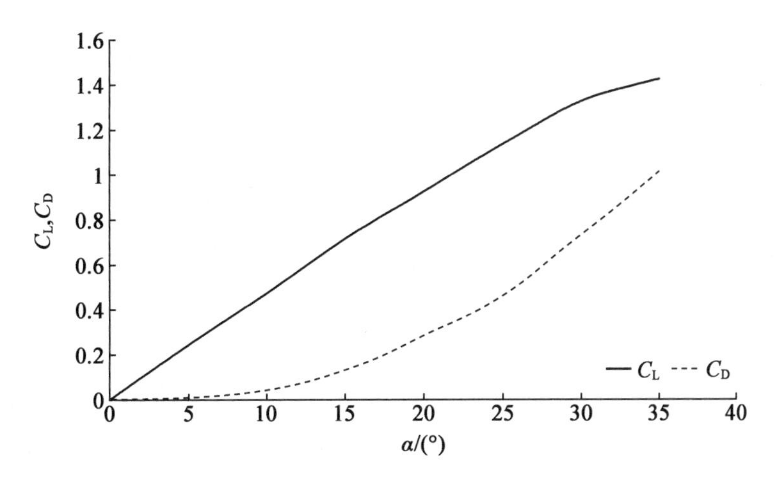

附图 7-1　NACA0018 翼型舵的升力系数和阻力系数随攻角变化的曲线

附录 8　螺旋桨敞水实验数据

实验所用的模型为标准铜制桨模 4119,其桨模直径为 0.25 m、螺距比为 1.084、盘面比为 0.608、侧倾角和后倾角均为 0°,其桨叶数目为 3,且实验用桨模叶梢部的厚度偏差小于 ±0.08 mm、叶根部厚度偏差小于 ±0.16 mm、螺距偏差小于 ±0.4%。实验时,采用不改变螺旋桨转速、改变进速的方法进行数据测量,最终得出实验桨模的推力系数和扭矩系数的结果见附表 8-1,相应曲线如附图 8-1 所示。

本附录中的数据来源于参考文献[39],如需进一步了解可参考原文献。

附表 8-1　4119 桨模的敞水性能参数

进速系数 J	推力系数 K_T	扭矩系数 K_Q	$10K_Q$	敞水效率 η_0
0.5	0.297	0.048 0	0.480	0.492
0.6	0.247	0.041 5	0.415	0.568
0.7	0.205	0.035 9	0.359	0.637
0.8	0.160	0.029 6	0.296	0.689
0.9	0.120	0.023 8	0.238	0.723
1.0	0.077 4	0.017 3	0.173	0.713
1.1	0.033 8	0.010 3	0.103	0.575

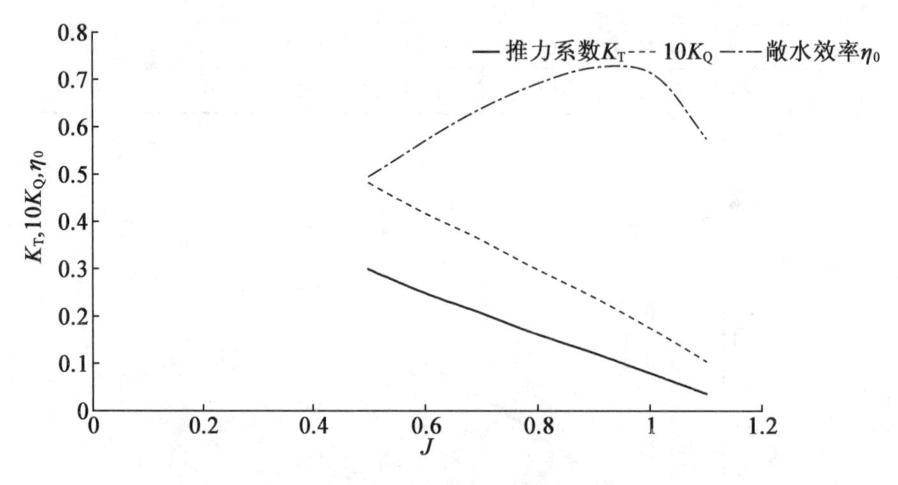

附图 8-1　4119 桨模的敞水性能曲线

参考文献

[1] 盛振邦，刘应中. 船舶原理(上、下)[M]. 上海:上海交通大学出版社,2003.

[2] 杨建民，肖龙飞，盛振邦. 海洋工程水动力学实验研究[M]. 上海:上海交通大学出版社,2008.

[3] 魏舟浩，罗耀华. 循环水槽的流速控制与检测系统[J]. 应用科技，1995(2)：53－55.

[4] 叶立钦,钱宗保,包树章,等. 上海船研所循环水槽[J]. 交通部上海船舶运输科学研究所学报，1984，14(2)：67－83.

[5] 丁正良,胡瑞芝,孙百超,等. 水平型循环水槽的水动力性能[J]. 船工科技，1983(12)：1－16.

[6] 汤忠谷，李幸宝. 卧式循环水槽的设计[J]. 武汉水运工程学院学报，1982，15(1)：115－120.

[7] 许维德. 建成循环水槽的回顾与展望[J]. 哈尔滨船舶工程学院学报，1985(2)：11－16.

[8] 李金成,陈作钢,徐力,等. 循环水槽隔板设计与水槽倾斜研究[J]. 中国舰船研究，2011，4(8)：78－82.

[9] 张为公. 一种六维力传感器的新型布片和解耦方法[J]. 南京航空航天大学学报，1999，2(4)：219－222.

[10] 高飞. 一种六分力传感器的数值计算与分析[D]. 武汉：武汉理工大学，2006.

[11] 张家敏. 基于神经元原理的六维力传感器解耦方法的研究[D]. 芜湖：安徽工程大学，2016.

[12] 郭欣，王化明，李广年. 螺旋桨敞水动力仪测力装置：中国，CN201020684580.8[P]. 2010－12－28.

[13] 杨建，朱汉苏. 螺旋桨敞水实验中的水下转速测量[J]. 武汉造船，1994(6)：27－28.

[14] 余培明，萧先镛. 船模实验用小型平面运动机构的研究[J]. 武汉造船，1997(2)：44－47.

[15] The 26th Manoeuvring Committee. The Manoeuvring Committee Final Report and Recommendations to the 26th ITTC [C]. Rio De Janeiro：Proceedings of 26th ITTC,2011.

[16] 常文田. 垂直平面运动机构的分析与研究[D]. 哈尔滨:哈尔滨工程大学，2005.

[17] 李钊. 高性能低成本便携式多点数据采集仪的研制[D]. 武汉:华中科技大学,2009.

[18] 许联锋，陈刚,李建中,等. 粒子图像测速技术研究进展[J]. 力学进展，2003，4(11)：533－540.

[19] 王昊利，王元. Micro－Pro 技术－粒子图像测速技术的新进展[J]. 力学进展，2005，1(2)：77－90.

[20] 申功炘，张永刚，曹晓光，等. 数字全息粒子图像测速技术（DHPIV）研究进展[J]. 力学进展，2007，4（11）：563 – 574.

[21] 陈启刚，钟强. 体视粒子图像测速技术研究进展[J]. 水力发电学报，2018（8）：38 – 54.

[22] 李喜斌，李冬荔，江世媛. 流体力学基础实验[M]. 哈尔滨：哈尔滨工程大学出版社，2016.

[23] 高永卫. 实验流体力学基础[M]. 西安：西北工业大学出版社，2003.

[24] 付新生. 海洋用低表面能涂层的制备及其减阻实验平台的搭建[D]. 哈尔滨：哈尔滨工业大学，2015.

[25] 沈国辉，姚剑锋，郭勇，等. 直径 30 cm 圆柱的气动力参数和绕流特性研究[J]. 振动与冲击，2020（6）：22 – 28.

[26] 余英俊，胡晓，石小涛，等. 基于简易 PIV 的圆柱绕流压力场重构[J]. 长江科学院院报，2019，6（6）：42 – 48.

[27] 王桂云，于东，尹木兰，等. 某科考船的阻力性能研究[J]. 船舶工程，2017（7）：45 – 48.

[28] 刘志华，熊鹰，叶青. 共翼型舵水动力特性的模型实验与数值模拟[J]. 哈尔滨工程大学学报，2018，4（4）：658 – 663.

[29] 盛立，熊鹰. 混合式 CRP 吊舱推进器水动力性能数值模拟及实验[J]. 南京航空航天大学学报，2012，2（4）：184 – 190.

[30] XU Yongze，BAO Weiguang，TAKESHI K，et al. A PMM Experimental Research on Ship Maneuverability in Waves[C]. San Diego：OMAE2007 – 29521，Proceedings of the ASME 2007 26th International Conference on Offshore Mechanics and Arctic Engineering，2007.

[31] 邢磊. 三体船水动力导数及操纵性能预报研究[D]. 哈尔滨：哈尔滨工程大学，2012.

[32] 李春柳，赵云鹏. 网箱水动力实验中锚绳系统模型设计[J]. 渔业现代化，2010，37（6）：20 – 24.

[33] 王飞，刘天威，卢军，等. 导流缆水动力性能实验测量研究[J]. 实验力学，2013，3（6）：320 – 325.

[34] 李火坤，练继建，杨敏. 新政航电泄洪弧形闸门水动力特性模型实验研究[J]. 中国农村水利水电，2006（10）：61 – 65.

[35] 王俭超. 水平轴潮流水轮机叶片设计和模型实验研究[D]. 青岛：中国海洋大学，2011.

[36] 高鹏远. 潮流能模型级水力涡轮叶型与性能研究[D]. 北京：北京化工大学，2016.

[37] 徐飞鹏. 海洋用仿生疏水复合涂层的制备及其减阻性能研究[D]. 哈尔滨：哈尔滨工业大学，2016.

[38] 朱珉虎. 高速艇与游艇设计手册[M]. 珠海：珠海出版社，2008：24 – 26.

[39] 何术龙，俞建新. 减压拖曳水池的桨模实验[J]. 中国造船，2004（12）：7 – 11.